프로스타글란딘 생합성효소의 이해

반응 메커니즘과 리간드결합

송인석 저

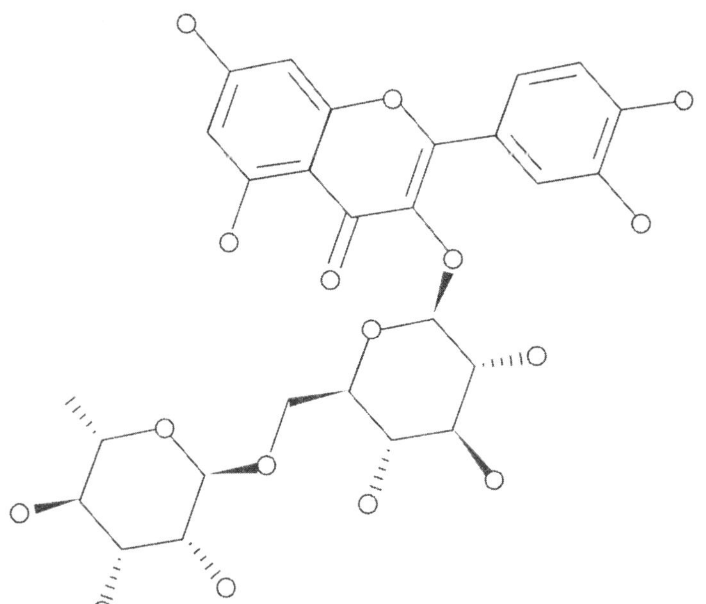

BIOSCIENCE
도서출판 바이오사이언스(주)

저자 약력

송인석

서울대학교 화학과 졸업
미국 남미시시피대학 화학과 Ph.D.
미국 미시간주립대학 생화학과 박사후연구원
미국 미시간대학 생화학과 교환교수
현재 서울시립대학교 생명과학과 교수

프로스타글란딘 생합성효소의 이해
반응 메커니즘과 리간드 결합

인쇄일 | 2009년 6월 25일
발행일 | 2009년 6월 30일
저 자 | 송인석
발행처 | 도서출판 바이오사이언스(주)
발행인 | 문정구
등록번호 | 제22-3079호
주 소 | 137-060 서울시 서초구 방배동 479-4 호산B/D 4층
전 화 | TEL: (02)581-4057~8 FAX: (02)581-4059
Homepage: http://www.biobooks.co.kr
E-mail: bioscience06@hanmail.net

978-89-92709-23-1
93430

값 9,000원

머리말

PGHS (prostaglandin endoperoxide H synthase) 효소반응은 프로스타글란딘 생합성의 속도조절 단계로, 다양한 면에서 활발한 연구가 진행되고 있다. 1990년 중반 PGHS 3차 구조가 최초로 밝혀진 이후, 첨단 분석기법을 활용한 PGHS의 물리화학적 특성 규명과 원자수준의 분석 및 해석이 가능해졌다. 본서에서는 PGHS의 반응 메커니즘을 라디칼화학과 입체화학적 관점에서 다루고자 하였다. 1장에서 3장은 기존의 heme peroxidase와의 비교분석을 통해 PGHS가 갖는 고유적 특성을 기술하였다. 4, 5장에서는 PGHS의 전체구조, 주요잔기의 기능 및 특성, 그리고 다양한 기질과의 결합형태를 통해, cyclooxygenase와 peroxidase 두 활성부위의 심층분석을 시도하였으며, 6장에서는 지금까지 밝혀진 저해제와의 결합 구조 및 모델을 통해 PGHS의 동종효소 특이적, 시간-의존적 저해 현상을 살펴보았다. 최근 수년에 걸친 연구자들의 눈부신 성과로 대부분의 PGHS 연계 효소들에 대한 구조적 접근이 가능해졌다. 이에 7장에서는 이들 효소의 리간드와의 결합양상과 제시된 반응 메커니즘을 분석하였으며, 마지막 장에서는 PGHS 유사효소의 기능적 특성을 기술하였다.

목 차

I. PGHS 반응 메커니즘

Heme peroxidase

Heme 효소에서 흔히 발견되는 heme 타입은 protoporphyrin Ⅸ으로 분류상 *b*형이다. Heme *a*형은 진핵생물 cytochrome *c* oxidase에서 보이며, protoporphyrin Ⅸ의 methyl 기가 formyl 기로, vinyl 기가 hydroxyethylfarnesyl 그룹으로 치환되어 있다. Cytochrome *c*는 heme *c*형을 가지고 있으며, 두 vinyl 기 대신에 methyl thiol 기가 자리하고 있다. 철은 보통 6개의 배위결합수를 가지며, 제1에서 4 위치의 결합 리간드는 porphyrin 고리 내부에, 제5 위치에는 대부분 heme의 근위 쪽에 있는 His 잔기의 imidazole 곁사슬이 놓여있다. 마지막 제6 위치는 heme의 원위 쪽으로 전통적으로 활성부위가 존재하는 곳이며, 물 분자를 포함하여 다양한 리간드가 위치하거나 비어 있는 경우도 있다. 보결 분자단 porphyrin 고리의 중앙에 있는 철의 산화 상태에 따라 heme, hemin, 또는 hematin으로 명명되거나, +2가에서 +6가에 걸친 산화 상태 자체로 표시되기도 한다. 예를 들어 peroxidase 'Compound Ⅰ'은 산화 상태가 +5가로, 철이 +4가이며 나머지 +1가는 porphyrin 고리나 아미노산 잔기에 위치한다. Heme 효소를 표기하는 경우, 철이 +2가인 경우 ferrous, +3가이면 ferric 용어로 표현되기도 한다. 아울러 산소분자에서 물 분자까지 산화상태는 +6가에서 +2가로 효소반응 메커니즘에서 자주 언급된다.[1)]

Heme 효소의 반응메커니즘은 아미노산 일차서열과 고해상의 3차 구조 결정에 힘입어 큰 진전을 이루고 있다. 이 효소 계열은 산소분자를 이용하는 monooxygenase와 dioxygenase를 비롯하여, H_2O_2의 peroxidase와 catalase, 전자나 수소 원자의 oxidase와 dehydrogenase에 이르기까지 다양하다. 어떤 경우에는 한 효소가 하나 이상의 반응을 촉매 하는 경우도 있다.

---

1) 산화상태: water(+2), hydroxyl radical(+3), hydrogen peroxide(+4), hydroperoxyl radical(+5), superoxide anion (+5), dioxygen(+6)

Prostaglandin endoperoxide H synthase (PGHS)가 그 예로 cytochrome P450, peroxidase, 그리고 dioxygenase로 작용한다. Cytochrome c oxidase에서는 전자가 cytochrome에서 산소분자로 전달되고, 수소이온은 막을 경계로 이동한다. 이 효소는 효소적 기능과 펌프로서의 기계적 기능을 수행한다.

Peroxidase의 반응메커니즘에서 전형적인 환원제로 페놀이나 방향족 아민을 들 수 있으며, 이들은 수소 원자를 제공한다. 제1단계에서 heme 철(Ⅲ)은 +5의 산화 상태인 Compound Ⅰ으로 바뀐다. 이어 환원제에 의한 두 번에 걸친 환원으로 효소는 초기화된다. 이 반응메커니즘은 두 기질, 두 생성물의 수정된 ping-pong 반응속도론을 따른다. 기존의 ping-pong 반응속도론과는 두 가지 면에서 차이를 보인다. 첫째는 환원제의 반응과 자유 라디칼이 해리되는 과정이 두 번 진행된다는 점이고, 두 번째는 일련의 반응이 항상 비가역성을 띤다는 것이다. 이로 인해 기질이 첨가되면 될수록 반응속도는 계속 증가할 뿐, 어떤 수준에 수렴하지 않는다. 두 번째 환원반응은 첫 번째보다 10배 이상 빠르므로 Compound Ⅰ의 정류상태 농도는 현저히 낮다. Compound Ⅰ은 최초로 horseradish peroxidase에서 발견되었으며, peroxide에서 유래한 산소원자의 두 산화등가[2)]를 포함한다. 철은 ferryl 그룹 형태이며 (Fe^{IV}=O), 홀 전자가 porphyrin 고리에 위치하여 π-양이온 라디칼을 형성한다. Compound Ⅱ는 +4가 산화상태이며, 1전자 추가로 π-양이온 라디칼이 제거되고 ferryl 그룹만이 남아있는 상태이다. Compound Ⅲ는 heme 철의 무산소성 환원에 의한 철(Ⅱ)와 산소분자 첨가로 형성된다. 철-산소는 두 공명구조[3)]로 표현된다. Oxyhemoglobin이나 oxymyoglobin의 경우와 마찬가지로 Compound Ⅲ를 oxyperoxidase로 명명하기도 한다. Compound Ⅱ가 과량의 H_2O_2와 반응하거나 ferric 형의 효소가 superoxide 음이온과 반응하면 Compound Ⅲ가 생성된다. Horseradish peroxidase의 native, Compound Ⅰ, 그리고 Compound Ⅱ 상태의 광학적 스펙트럼은 Soret 지역[4)]의 특징적인 흡광도로 나타난다. 이를 통해 효소의 상태변화 관찰을 통한 전이상태 반응속도론 연구가 이루어진다. Compound Ⅱ는 가시광선 영역에서 특징적 밴드를 보인다. Compound Ⅲ는 Soret 지역에서 Compound Ⅱ와 유사한 스펙트럼을 보이지만

---

2) Oxidizing equivalent

3) Fe^{II}-O_2 ↔ Fe^{III}-O_2^-

4) 가시광선과 자외선의 경계 구간

546nm, 583nm에서 Compound Ⅱ와 구분되는 밴드를 가지고 있다.

효모 cytochrome c peroxidase는 A에서 J로 표지되는 10개의 α-나선이 표면을 둘러싸는 루프로 연결되어 있다[1]. 나선 B는 heme의 원위 쪽, 나선 F는 근위 쪽에 위치한다. 대표적으로 보전되는 잔기는 heme의 원위 쪽에 Asn82와 나선 B의 Arg48, His52; 근위 쪽에 Asp235, 나선 F의 Val169, His175; 염다리를 형성하는 Gly129, Arg130과 나선 D의 Asp106; heme의 제5 리간드인 His175, 이와 수소결합을 하는 Asp235이다.[5] 식물 peroxidase는 원핵, 균류, 그리고 전통적 식물 peroxidase로 구성되며, 반응메커니즘 연구에는 주로 horseradish peroxidase가 사용된다. 식물 peroxidase 효소에서는 보전된 10개의 나선 중, 5개 나선으로 구성된 도메인이 각각 원위 쪽과 근위 쪽에 위치하는 형태를 보인다. Myeloperoxidase와 PGHS는 동물 peroxidase로 분류되며, 마지막으로 catalase 그룹이 존재한다.

효모 cytochrome c peroxidase의 Compound Ⅰ 형성은 이 효소의 결정구조에 근거한다[2]. 원위 쪽의 His52는 H_2O_2에서 유래한 수소이온의 수용자이며, Arg48은 전하 안정화에 기여한다. 근위 리간드 His175의 부분적 음이온 전하는 주위의 염기성 그룹에 의해 제공된다. 원위 His의 곁사슬 imidazolium의 pK_a는 비교적 낮은 5.5이며, horseradish peroxidase에서는 더 낮은 4.1이다.[6] 이와 같은 낮은 수치는 거의 모든 peroxidase에서 보이며, 이는 자유 아미노산의 해리상수가 단백질의 잔기인 경우와 큰 차이를 보일 수 있음을 암시한다. 예를 들어 수소결합 네트워크가 형성된 상황에서는 전하의 분산으로 낮은 pH에서 음전하를 띠거나, 반대로 높은 pH에서 양전하를 띨 수 있다. Heme 원위 쪽의 His52, Asn82, 그리고 Glu76와 근위 쪽의 His175, Asp235, 물 분자, 그리고 Thr235는 각기 수소결합 네트워크를 형성한다. 아울러 Ser103, Asp106, Gly129, 그리고 Arg130은 수소결합 네트워크를 형성하여 근위 쪽의 C말단과 원위 쪽의 N말단을 연결하는 긴 루프를 고정한다[3].

Poulos-Kraut 메커니즘에서 세 촉매 그룹은 Compound Ⅰ 형성에 중요한 역할을 한다. 전자를 잡아당기는 원위 His와 Arg, 전자를 미는 근위 imidazole의 전자분포에 공헌하는 그룹이 그들이다. 이 그룹은 철(Ⅲ)와 접촉하는 H_2O_2의 산소-산소 결합을 극성화 함으로써 비균일적 분열을 유도한다. 결과적으로 산소원자 하나는 철과 결합하고 있지만, 추가적 전자쌍을 포

5) Cytochrome c peroxidase를 기준으로 한 잔기 번호임.

6) pH와 반응속도관계 그래프에서 얻어진 수치임.

함하는 나머지 산소원자는 물 분자로 해리된다. 철(Ⅲ)에 H_2O_2가 근접하는 초기반응에서, 원위 imidazole로의 수소이온 전달은 H_2O_2를 강한 친핵성을 띠는 hydroperoxyl 음이온으로 전환한다.

전통적인 peroxidase 반응메커니즘과 상이한 몇 가지 경우를 살펴보면 다음과 같다. (1) Compound Ⅰ/Ⅱ의 환원은 수소원자가 아닌 전자의 전달에 의해 일어날 수 있다. 환원제가 전자만을 조달하는 경우, 수소이온은 용매에서 유래한다. (2) 2전자 전달이 일어날 수 있다. 할로젠 이온은 Compound Ⅰ을 환원하여 바로 native 효소로 전환한다. 이 반응에서 염소이온은 +1가 산화상태의 hypochlorous acid로 바뀐다. (3) Ferrous 효소와 Compound Ⅲ가 포함되기도 한다. 식물 성장 호르몬인 indole-3-acetic acid의 *in vitro* 산화반응 (pH 5)에서 이와 같은 상태가 관찰된다. (4) pH 7에서는 indole-3-acetic acid의 산화가 H_2O_2 첨가 없이 효율적인 고리 자가산화반응을 통해 indoleacetic acid에서 hydroperoxide가 생성되고, 이어 native 효소는 Compound Ⅰ으로 전환된다. (5) 환원제가 Compound Ⅰ과 Compound Ⅱ와의 반응성에 차이를 보이는 경우로, PGHS가 해당한다. 아라키돈산은 Compound Ⅱ보다 Compound Ⅰ에 상응하는 Intermediate Ⅰ과의 반응성이 더 높다. 소량의 페놀은 Compound Ⅱ의 환원을 가속화함으로써 호소의 초기화에 기여하지만, 다량인 경우 페놀은 Intermediate Ⅰ과의 반응에서 아라키돈산과 경쟁하므로 저해적 요소가 되기도 한다.

PGHS peroxidase와 cyclooxygenase

PGHS는 ferriprotoporphyrin Ⅸ을 보결 분자단으로 함유하며, 이 그룹은 비교적 높은 해리상수를 가진다. Cyclooxygenase (COX) 활성으로 생성된 prostaglandin G_2 (PGG_2)는 peroxidase (POX) 사이클을 개시하여 휴지상태 효소는 Compound Ⅰ으로, PGG_2는 상응하는 알콜인 PGH_2로 전환된다. PGHS는 다른 peroxidase와 상당부분의 효소반응 메커니즘을 공유한다. 탄소-중심 라디칼이 생성되면 두 산소분자를 받아들여 PGG_2 라디칼을 생성하고, 이어 수소원자 추출로 PGG_2가 최종적으로 생성된다. 산소분자의 활성화보다는 기질인 아라키돈산의 라디칼화를 촉매 하므로 COX 반응은 POX에서 유발된 두 산소분자 반응으로 표현될 수 있다. 아라키돈산이 PGG_2로 전환되는 반응에서 새로운 4개의 화학결합과 5개의 키랄 중심이 생긴다. PGHS에 의해 촉매되는 POX와 COX의 관계는 많은 논쟁이 있어 왔다. 두 활성 모두 heme을 필요로 하지만, aspirin이나 indomethacin과 같은 COX 저해제는 POX에 영향을 주지 않는다. PGHS가 heme 대신 Mn-protoporphyrin Ⅸ을 포함하는 경우, COX 활성은 유지되지만, POX는 매우 낮은 수준의 활성을 보여준다[4, 5]. 더구나 여러 반응속도론적 관찰은 두 효소 활성이 각각 효소의 특징적인 위치에서 일어남을 예측한다. 하지만 별개의 독립적인 반응이기보다는 기계적인 연결고리를 갖는 독특한 메커니즘으로 COX 활성은 hydroperoxide 활성제를 요구한다. 초기에 alkylperoxide가 ferric heme과 반응하여 ferryl 상태 및 tyrosyl 라디칼을 갖는 Intermediate Ⅱ가 생성되면, 비로소 COX 활성이 개시된다. Tyr385은 COX 활성에 직접 관여하는 잔기로 확인되었으며 모든 PGHS에서 보전되어 있다[6, 7]. PGHS-1의 최초 결정구조에서 두 활성부위의 공간위치가 확인 되었다[8]. POX 반응은 용매접근이 용이한 heme 주위 포켓에서 일어나며, PGHS는 기질 및 저해제와의 결합구조를 통해 상세한 구조적 특성이 밝혀졌다. PGHS-1 Tyr385는 heme과 기질인 아라키돈산 사이에 위치하며, phenoxyl 산소와 heme 철과의 거리는 12.5 Å, phenoxyl 산소와 아라키돈산의 C13과의 거리는 2.8 Å이다. 두 반응의 화학양론적 관계도 특기할 만하다. 소위 'branched chain' 라디칼 메커니즘에 따르면 peroxide와 ferric heme의 1회 반응으로 COX 반응은 지속될 수 있다. 왜냐하면 매 COX 사이클마다 tyrosyl 라디칼이 재생되기 때문이다[9]. 생성된 PGG_2 hydroperoxide는 축적되고 이는 아직 잠재 상태의 다른 PGHS 분자를 활성화 시키는데 사용된다. 이 과정은 실지 COX 반응에서 초기의 지체 기간을 거친 후, 폭발적 반응을 보여주는 폭발적 반응속도론 (burst kinetics) 현상을 적절하게 설명한다.

소위 'tightly coupled' 메커니즘은 branched chain 라디칼 메커니즘과 달리 hydroperoxide 단분자의 환원으로 COX 반응이 1회만 진행되며[10], 매 반응 사이클마다 hydroperoxide의 소모를 필요로 한다. 반응속도론 연구 결과들은 주로 전자 메커니즘을 뒷받침한다[11-13]. 일단 형성된 tyrosyl 라디칼은 POX 반응과 무관하게 다수의 COX 반응을 지원한다. Cyanide 첨가, H387Y 치환, 그리고 Fe를 Mn으로 치환하는 경우, POX 활성의 현저한 감소를 가져오지만 COX 활성은 거의 정상 상태를 유지한다. 후자 메커니즘을 따른다면 POX의 활성 감소는 COX 활성 저하를 유발해야 할 것이다. 하지만 COX 반응 사이클이 무한히 지속되지는 않는다. Tyrosyl 라디칼은 불활성화 기전으로 소실된다[14]. 생성된 라디칼은

COX 결합부위에서 외부로 전이되기도 하며, 환원제와 반응하여 소멸하기도 한다. Hydroperoxide에 의한 COX 활성화가 종결된 후에도 peroxide 제거제에 의해 COX 촉매반응이 억제될 수 있음은 이를 대변한다[15].

COX 활성이 peroxide에 의해 유도되는 과정에서 반응 중간체의 생성에 대해 많은 연구가 진행되었다. Tyrosyl 라디칼의 생성과 COX 촉매의 연관성은 특히 주목할 만하다. PGHS가 휴지상태에 있을 때, heme은 ferric 고-스핀 상태이다. 이 상태는 peroxide와의 반응하여 Compound Ⅰ으로 바뀌며, 이는 horseradish peroxidase (HRP) 경우와 유사하다[9]. 이 중간체는 iron(IV)-oxo 종과 porphyrin 양이온 라디칼로 구성되어 있다. HRP에서는 두 번에 걸친 1전자이동으로 다시 휴지상태로 돌아가지만, PGHS는 국지적 특성으로 주위 잔기로부터의 전자전달을 경험하게 된다. 산화상태는 그대로 유지되지만 라디칼의 위치가 heme에서 주위 잔기로 전이된다. 이 주위 잔기는 Tyr385이며 COX의 촉매작용이 개시된다. 즉 산화능력의 일부는 heme에 존재하고, 나머지는 기질을 산화시키는 데 적절한 위치에 있는 Tyr385로 옮겨 간다. Cytochrome c peroxidase에서는 Trp이 산화되어 동일 기능을 담당한다. 발표된 대체적 메커니즘에서 ferric heme이 hydroperoxide 활성제를 산화하여 peroxyl 라디칼을 생성하고, 이 라디칼이 Tyr을 산화하여 tyrosyl 라디칼을 생성하는 과정이 제시되었다[16]. 이 메커니즘은 aspirin으로 처리된 PGHS-2의 반응에서 보이는 분광학적인 특성이 Fe(Ⅱ) 상태와 유사한 점을 설명하기 위해 제시되었다. Ferric heme을 산화제로 사용하는 경우는 lipoxygenase의 Fe(Ⅲ) 상태가 불포화 지방산을 산화하는 경우와 유사하다[17]. PGHS-1과 -2의 Fe(Ⅱ)/Fe(Ⅲ) 산화환원 준위는 기질인 아라키돈산과 결합 시, 각각 −0.052, −0.156 V이다[18]. 이 수치는 콩 lipoxygenase의 +0.60 V에 크게 못 미친다. Hydroperoxide나 tyrosine의 산화환원준위가 +0.8에서 1.0 V인 것을 감안하면 상당히 낮다. 하지만 HRP Compound I의 경우 pH 6.5에서 +0.94 V이고, 이 수치는 PGHS에 해당하는 중간체의 적절한 예상기준으로 생각될 수 있으므로 tyrosine의 산화가 가능할 것으로 보인다[19].

Tyrosyl 라디칼 생성 시, phenoxyl 수소이온의 운명과 전자전달 경로는 확실하지 않다. Tyr385는 Tyr348과 수소결합을 하지만 근처에 Tyr385의 수소이온을 수용할 일반 염기는 존재하지 않는다. Tyr의 산환환원 준위는 pH 변화에 민감하고 수소이온의 제거 없이 전자 전달이 이루어지려면 수용액에서 약 +1.38 V을 필요로 한다. Tysosyl 라디칼을 생성하는 대부분의 단백질은 수소이온 제거가 용이하도록 일반 염기와 수소결합을 형성하고 있다. 아라키돈산이 존재하지 않는 경우, 기질결합 통로에 있는 물 분자가 이 역할을 수행할 수도 있다. 하지만 기질 아라키돈산과 결합한 구조에서 물 분자는 발견되지 않는다[20]. Y348F 돌연변이 효소에서 native 수준의 COX 활성과 지속적인 tyrosyl 라디칼의 생성이 일어나는 점으로 보아 Tyr348과 Tyr385 사이의 수소결합이 활성에 미치는 영향은 크지 않을 것이다[21]. 전자이동 경로는 Tyr385에서 시작하여 peptide 골격을 지나 heme의 근위 리간드인 His388에 도달하는 경로나 반대로 Asn382의 곁사슬 쪽으로 진행되어 불과 ~3.5 Å 떨어진 heme에 전달되는 경로를 예상할 수 있다.

PGG_2의 형성에 대한 반응메커니즘은 Hamberg와 Samuelsson에 의해 제안되었다[22]. 이 연구자들은 입체화학 특이적으로 표지된 지방산을 사용하여 *pro-S* 수소가 기질의 C13에서 선택적으로 제거되는 과정을 증명하였다. 그 당시 산화제의 실체는 확인되지 않았지만, 수소원자의 제거로 산소분자와 반응 가능한 지방산 라디칼의 생성, 연속적인 고리생성, allyl 라디칼의 두 번째 산소분자와의 반응에 의한 C15 peroxy 라디칼 생성이 반응 메커니즘에 포함되었다. Branchcd chain 라디칼 메커니즘에서는 PGHS의 tyrosyl 라디칼이 COX 반응을 개시하며, 매 반응 사이클마다 라디칼이 재생되면서 효소가 초기화된다. 열역학적으로 tyrosyl 라디칼은 아라키돈산으로부터 수소원자를 추출하기에 충분한 산화제이다[23, 24]. 페놀의 산소-수소 결합 해리에너지는 86 kcal/mol로 bisallyl 탄소-수소 결합 해리에너지 76-83 kcal/mol에 비견된다. 혐기성 조건하에서 PGHS-2의 tyrosyl 라디칼은 아라키돈산을 산화하여 라디칼로 전환할 수 있다. 산소에 노출되면 다시 tyrosyl 라디칼이 재생된다. C11-C15 pentadienyl 라디칼의 생성 여부를 확인하기 위해 11,13S, 15, 16 위치에 중수소로 치환된 아라키돈산이 사용되었다[25]. 혐기성조건에서 PGHS-2는 pentadienyl 라디칼의 생성이 가능하며, 호기성에서는 C11-C13의 allyl 라디칼의 생성도 배제할 수 없다. PGHS의 첫 번째 중간체 이후의 과정이 차단된 조건에서 pentadienyl 라디칼의 생성은 용액상에서 11.7 kcal/mol로 열역학적 안정성의 결과로 해석될 수도 있다.

PGHS 반응메커니즘은 열역학적으로 선호되는 불포화 지방산의 자가산화의 연속으로 이해될 수 있다. 하지만 tetraene 불포화지방산에서는 endoperoxide의 생성이 관찰되지만 포화지방산의 경우에는 일어나지 않는다. 일단 tyrosyl 라디칼이 생성되면, COX 반응은 발열과정이다. 따라서 효소의 주요 기능은 스핀보전 법칙에 기인한 반응속도론적 장애를 낮추고 산화 반응의 입체화학과 위치화학을 조절하는 것으로 보인다. 정상조건에서 PGHS는 아라키돈산과 반응하여 대부분의 PGG_2와 소량의 11R-HPETE, 15R/S-HPETE를 생성한다. PGHS-2의 COX 활성부위의 Ser530이 아세틸화 되면, 생성물 분포는 15R-HPETE, 11R-HPETE로 치우친다[26]. PGHS-1의 경우는 아세틸화는 COX 활성의 소실로 이어진다. PGHS-2 Ser530의 Met, Val, Thr으로의 치환은 C15의 입체화학을 R-배치로 바꾼다. 나머지 탄소 C8, C9, C10, 그리고 C11의 입체화학은 그대로 유지된다. PGHS-1에서는 Ser530의 치환으로 아세틸화와 같이 COX 활성이 소실된다. C13 수소 추출의 입체화학 특이성은 아세틸화나 치환에 관계없이 native와 동일하다. C8-C13이 관여하는 초기 반응에서 입체화학적 성질은 그대로 유지되지만, 메커니즘의 마지막 단계에 관여하는 C15에서는 변화가 일어난다. Ser530 부근의 추가적인 공간 차지에 기인한 C13-C14 결합의 180° 회전이 이와 같은 입체화학적 변화의 요인으로 제안되었다[27]. 이 회전은 들어오는 산소분자에 C14-C15의 반대편을 보여주는 결과를 낳아 입체화학이 바뀌게 된다는 것이다. 아세틸화된 PGHS-2에서 기질 라디칼은 pentadienyl 라디칼로 (*E*,*E*) 배열 대신에 (*E*,*Z*) 상태일 수 있다. 실지 두 배열의 안정성은 용액에서 약 2.4 kcal/mol 차이를 보이는데, EPR 스펙트럼 상에서 구별은 쉽지가 않다. 역입체화학에 대한 원인으로 아세틸화된 PGHS-2 경우에 산소분자가 C15로 진입하는 방향의 변화 가능성도 존재한다[28].

PGHS heme 그룹을 mangano protoporphyrin Ⅸ으로 치환하면 COX 활성은 유지되지만, POX 활성은 현저히 감소한다. Fe-PGHS와 Mn-PGHS 두 효소는 Intermediate Ⅱ의 형성속도상수 (k_2)가 peroxide 농도에 곡선적 의존성을 보인다. 이는 POX 반응이 대체적 반응 메커니즘으로 설명될 수 있는 여지를 남긴다[10]. 두 메커니즘 모두 k_2 값의 포화 양상을 설명해 줄 수 있지만, 다른 면에서는 상당한 차이를 보인다. Intermediate Ⅱ는 다른 산화등가를 가질 수 있지만 heme은 두 메커니즘에서 모두 oxyferryl 상태로 광학적 스펙트럼에서는 구별될 수 없으며, 따라서 Intermediate Ⅱ가 tyrosyl 라디칼을 포함하는 지 여부는 EPR 상에서 관찰된다. Dunford의 3단계 메커니즘은 k_2값이 peroxide의 종류에 의존적임을 암시하며, Intermediate Ⅱ의 형성을 위해 추가적인 hydroperixde를 필요로 한다. 하지만 제한적 수준의 hydroperoxide 조건에서도 Intermediate Ⅱ와 tyrosyl 라디칼의 형성이 효율적으로 일어나는 사실은 이 메커니즘과 배치된다. 이와 같은 상충된 관찰은 Intermediate Ⅰ에서 시작되는 반응이 hydroperoxide의 농도에 따라 두 가지 양자택일적 과정으로 진행될 수 있음을 가정하면 설명이 가능하다. 낮은 peroxide 농도에서는 2단계 메커니즘이 지배적이기 때문에 바로 Intermediate Ⅱ가 생성되지만, 반대로 peroxide 농도가 증가하면 Intermediate Ⅰ은 peroxide와 복합체를 형성하여, peroxide가 산화되면서 π-양이온 라디칼은 소멸하고 Intermediate Ⅰ은 라디칼 전이 없이 oxyferryl 중간체로 바뀌게 된다. Peroxide의 환원적 기능은 고농도 상태에서 일어나는 예외적 경우로 볼 수 있다.

Mn-PGHS와 peroxide의 반응도 Fe-PGHS와 마찬가지로 두 중간체를 거친다. Intermediate Ⅰ의 형성속도 ($k_{1,Mn}$)는 상당히 느리므로, 낮은 15-HPETE 농도에서는 Intermediate Ⅰ의 관측이 어렵다. Fe-PGHS의 경우 $k_{1,Fe}$는 $k_{1,Mn}$보다 100배 큰 값을 갖지만 k_2는 두 효소에서 약 2배 차이를 보인다[29]. 이와 같은 차이는 특히 정류상태에서 Mn-PGHS POX 활성의 현저한 감소로 이어진다. Cytochrome c peroxidase나 horseradish peroxidase와 같은 heme-의존적 peroxidase에서도 Mn-PPⅨ로 치환하면 유사한 양상을 보인다[30, 31] POX 기질이 lipid peroxide에서 친수성 peroxide로 가면 $k_{1,Mn}$과 $k_{1,Fe}$는 감소한다. Mn-PGHS에서는 기질이 hydrogen peroxide인 경우, 반응이 지나치게 느려 측정이 어렵다. Heme 주변에는 POX 기질의 특이성을 대변하는 결합부위, 특히 기질의 소수성 부위와 상호작용하는 부위의 존재를 예상할 수 있다. 기질의 탄소 길이가 짧아지면서 결합에 대한 공헌 정도는 소수성 부분에서 metalloporphyrin으로 이동하게 된다. Horseradish peroxidase의 경우, Mn-PPⅨ형은 제6 결합위치에 물 분자 (또는 수산기)가 원위 리간드로 결합한다[32]. 이 물 분자의 치환과정은 느리게 진행되어 POX 활성을 저하시키며, Intermediate Ⅰ형성의 속도조절 단계에 해당될 수도 있다. 일단 치환작용이 일어나면 Mn(Ⅲ)는 바로 Mn(Ⅴ)로 전환된다.

Intermediate Ⅱ 형성은 분자 내의 전자전달 과정으로, 2단계 메커니즘에서는 반응속도상수가 사용된 peroxide에 대해 무관해야 한다. 하지만 POX 결합부위는 소수성 물질이 상호작용할 수 있는 곳으로, peroxide나 생성물인 알콜의 결합은 Intermediate Ⅰ구조의 지속적인 변동을 야기하고, 이는 5Å 내에 있는 Tyr385로부터 전자전달 반응속도의 저하를 가져올 수 있다[8]. 기질이 15-HPETE인 경우, ethyl hydroperoxide에 비해 이와 같은 변동은 엔트로피

변화에 더 크게 반영된다. 환원 공기질에 의해 휴지상태 효소가 재생되는 과정이 속도조절 단계인 정류상태 조건에서는 이와 같은 초기단계의 변동은 관찰되지 않는다.

Mn-PGHS의 중간체의 구체적인 구조는 기존의 Mn(Ⅴ)와 Mn(Ⅳ) metalloporphyrin 모델 물질과의 비교를 통해 예측 가능하다. Mn(Ⅴ)모델의 광학적 스펙트럼은 418nm에서 Soret peak를 보여주며, Mn(Ⅳ)도 Mn(Ⅴ)와 유사하지만 더욱 강한 Soret 밴드를 가진다. 이는 Intermediate $Ⅰ_{(Mn)}$과 Intermediate $Ⅱ_{(Mn)}$의 스펙트럼과 각각 일치한다. 하지만 Intermediate $Ⅰ_{(Mn)}$은 porphyrin π-양이온 라디칼을 포함하지 않는 +5가 전하가 모두 금속에 위치하는 Mn(Ⅴ)=O 형태, Intermediate $Ⅱ_{(Mn)}$는 금속위치에서 1전자 환원이 일어난 Mn(Ⅳ)=O 형태로 예측된다. Mn-PGHS 역시 정상적인 COX 활성을 나타내므로 환원과정은 분자 내에서 일어나 활성에 필요한 tyrosyl 라디칼의 생성을 수반하는 것으로 보인다.

참고문헌

1. Poulos, T.L., et al., *The crystal structure of cytochrome c peroxidase.* J Biol Chem, 1980. **255**(2): p. 575-80.
2. Poulos, T.L. and J. Kraut, *The stereochemistry of peroxidase catalysis.* J Biol Chem, 1980. **255**(17): p. 8199-205.
3. Welinder, K.G., B. Bjornholm, and H.B. Dunford, *Functions of electrostatic potentials and conserved distal and proximal His-Asp H-bonding networks in haem peroxidases.* Biochem Soc Trans, 1995. **23**(2): p. 257-62.
4. Strieder, S., et al., *Prostaglandin endoperoxide synthase substituted with manganese protoporphyrin IX. Formation of a higher oxidation state and its relation to cyclooxygenase reaction.* J Biol Chem, 1992. **267**(20): p. 13870-8.
5. Kulmacz, R.J., et al., *Reaction and free radical kinetics of prostaglandin H synthase with manganese protoporphyrin IX as the prosthetic group.* Biochemistry, 1994. **33**(18): p. 5428-39.
6. Shimokawa, T., et al., *Tyrosine 385 of prostaglandin endoperoxide synthase is*

required for cyclooxygenase catalysis. J Biol Chem, 1990. **265**(33): p. 20073-6.

7. Goodwin, D.C., et al., *Nitric oxide trapping of tyrosyl radicals generated during prostaglandin endoperoxide synthase turnover. Detection of the radical derivative of tyrosine 385*. J Biol Chem, 1998. **273**(15): p. 8903-9.
8. Picot, D., P.J. Loll, and R.M. Garavito, *The X-ray crystal structure of the membrane protein prostaglandin H2 synthase-1*. Nature, 1994. **367**(6460): p. 243-9.
9. Dietz, R., W. Nastainczyk, and H.H. Ruf, *Higher oxidation states of prostaglandin H synthase. Rapid electronic spectroscopy detected two spectral intermediates during the peroxidase reaction with prostaglandin G2*. Eur J Biochem, 1988. **171**(1-2): p. 321-8.
10. Bakovic, M. and H.B. Dunford, *Reactions of prostaglandin endoperoxide synthase and its compound I with hydroperoxides*. J Biol Chem, 1996. **271**(4): p. 2048-56.
11. Wei, C., R.J. Kulmacz, and A.L. Tsai, *Comparison of branched-chain and tightly coupled reaction mechanisms for prostaglandin H synthase*. Biochemistry, 1995. **34**(26): p. 8499-512.
12. Tsai, A.L., G. Wu, and R.J. Kulmacz, *Stoichiometry of the interaction of prostaglandin H synthase with substrates*. Biochemistry, 1997. **36**(42): p. 13085-94.
13. Bambai, B. and R.J. Kulmacz, *Prostaglandin H synthase. Effects of peroxidase cosubstrates on cyclooxygenase velocity*. J Biol Chem, 2000. **275**(36): p. 27608-14.
14. Wu, G., et al., *A mechanistic study of self-inactivation of the peroxidase activity in prostaglandin H synthase-1*. J Biol Chem, 1999. **274**(14): p. 9231-7.
15. Hemler, M.E. and W.E. Lands, *Evidence for a peroxide-initiated free radical mechanism of prostaglandin biosynthesis*. J Biol Chem, 1980. **255**(13): p. 6253-61.
16. Tang, M.S., R.A. Copeland, and T.M. Penning, *Detection of an Fe2+-protoporphyrin-IX intermediate during aspirin-treated prostaglandin H2 synthase II catalysis of arachidonic acid to 15-HETE*. Biochemistry, 1997. **36**(24): p. 7527-34.
17. Nelson, M.J. and S.P. Seitz, *The structure and function of lipoxygenase*. Curr Opin

Struct Biol, 1994. **4**(6): p. 878-84.

18. Goodwin, D.C., S.W. Rowlinson, and L.J. Marnett, *Substitution of tyrosine for the proximal histidine ligand to the heme of prostaglandin endoperoxide synthase 2: implications for the mechanism of cyclooxygenase activation and catalysis.* Biochemistry, 2000. **39**(18): p. 5422-32.
19. Hayashi, Y. and I. Yamazaki, *The oxidation-reduction potentials of compound I/compound II and compound II/ferric couples of horseradish peroxidases A2 and C.* J Biol Chem, 1979. **254**(18): p. 9101-6.
20. Malkowski, M.G., et al., *The productive conformation of arachidonic acid bound to prostaglandin synthase.* Science, 2000. **289**(5486): p. 1933-7.
21. Hsi, L.C., et al., *An examination of the source of the tyrosyl radical in ovine prostaglandin endoperoxide synthase-1.* Biochem Biophys Res Commun, 1995. **207**(2): p. 652-60.
22. Hamberg, M. and B. Samuelsson, *On the mechanism of the biosynthesis of prostaglandins E-1 and F-1-alpha.* J Biol Chem, 1967. **242**(22): p. 5336-43.
23. Stubbe, J. and W.A. van Der Donk, *Protein Radicals in Enzyme Catalysis.* Chem Rev, 1998. **98**(2): p. 705-762.
24. Goldsmith, C.R., R.T. Jonas, and T.D. Stack, *C-H bond activation by a ferric methoxide complex: modeling the rate-determining step in the mechanism of lipoxygenase.* J Am Chem Soc, 2002. **124**(1): p. 83-96.
25. Peng, S., et al., *Structural characterization of a pentadienyl radical intermediate formed during catalysis by prostaglandin H synthase-2.* J Am Chem Soc, 2001. **123**(15): p. 3609-10.
26. Lecomte, M., et al., *Acetylation of human prostaglandin endoperoxide synthase-2 (cyclooxygenase-2) by aspirin.* J Biol Chem, 1994. **269**(18): p. 13207-15.
27. Schneider, C. and A.R. Brash, *Stereospecificity of hydrogen abstraction in the conversion of arachidonic acid to 15R-HETE by aspirin-treated cyclooxygenase-2.*

Implications for the alignment of substrate in the active site. J Biol Chem, 2000. **275**(7): p. 4743-6.

28. Thuresson, E.D., K.M. Lakkides, and W.L. Smith, *Different catalytically competent arrangements of arachidonic acid within the cyclooxygenase active site of prostaglandin endoperoxide H synthase-1 lead to the formation of different oxygenated products.* J Biol Chem, 2000. **275**(12): p. 8501-7.
29. Tsai, A., et al., *Comparison of peroxidase reaction mechanisms of prostaglandin H synthase-1 containing heme and mangano protoporphyrin IX.* J Biol Chem, 1997. **272**(14): p. 8885-94.
30. Yonetani, T. and T. Asakura, *Studies on cytochrome c peroxidase. XV. Comparison of manganese porphyrin-containing cytochrome c peroxidase, horseradish peroxidase, and myoglobin.* J Biol Chem, 1969. **244**(17): p. 4580-8.
31. Hori, H., M. Ikeda-Saito, and T. Yonetani, *Electron paramagnetic resonance and spectrophotometric studies of the peroxide compounds of manganese substituted horseradish peroxidase, cytochrome-c peroxidase and manganese-porphyrin model complexes.* Biochim Biophys Acta, 1987. **912**(1): p. 74-81.
32. Gupta, R.K., A.S. Mildvan, and G.R. Schonbaum, *Water proton relaxation studies of the heme-environment in Mn(III)-substituted and native horseradish peroxidases.* Arch Biochem Biophys, 1980. **202**(1): p. 1-7.

II. PGHS 라디칼화학

Tyrosyl 라디칼

아미노산 라디칼은 다양한 효소의 기능에 관여한다. Thiyl 라디칼은 vitamin B_{12}-의존적 ribonucleotide reductase에서 발견되며, 촉매 개시를 위해 금속이온과 상호작용을 한다[1]. Pyruvate formate lyase에서는 효소 활성을 위해 glycyl 라디칼이 생성된다[2]. Cytochrome c peroxidase는 tryptophan 라디칼을 두 heme 사이의 산화환원 교환의 중간체로 사용한다[3]. Tyrosyl 라디칼은 그 분포가 훨씬 광범위하다. Ribonucleotide reductase의 이중 철(Ⅲ) 중심과 tyrosyl 라디칼의 상호작용은 널리 알려져 있다[4]. 광합성 Ⅱ에서는 망간그룹에 의한 물 분자의 산화에 두 tyrosyl 라디칼 Y_D와 Y_Z가 관여한다[5, 6]. Galactose oxidase에서는 cysteine과 공유결합으로 연결된 tyrosyl 라디칼이 관찰되며[7], peroxide로 처리된 cytochrome oxidase에서는 histidine에 연결된 tyroxyl 라디칼이 존재하여 heme a_3-Cu_b 이핵 중심의 산화환원 기능에 관여한다[8]. 이들 아미노산 라디칼은 금속이온과의 상호작용을 통해 촉매기능을 수행한다. PGHS의 tyrosyl 라디칼은 촉매역할에 보다 더 직접적이다.

Heme 그룹은 PGHS의 활성을 위한 유일한 보결 분자단이다. His388은 heme의 근위 리간드이며, His207은 heme 철로부터 ~5Å 떨어져 있다[9-11]. PGHS-1의 heme 주변환경은 myoglobin과 같은 b-type cytochrome의 경우와 유사하다[12]. Fe(Ⅲ)/Fe(Ⅱ) 산화환원 준위는 PGHS-1에서 -50 mV이며, 이는 두 histidine 잔기를 heme 리간드로 갖는 heme 단백질에서 보이는 범위 내에 있다. 불포화 지방산이 prostaglandin으로 전환되는 반응의 자유 라디칼 메커니즘은 Samuelsson에 의해 제안되었다[13]. 이 화학적 변형의 첫 번째 단계는 지방산 C13으로부터 수소원자의 추출로 재배열된 pentadienyl 라디칼 생성이다. 두 번째에서는 산소분자 첨가, 고리화를 통해 9,11-dioxo 다리가 형성된다. C8과 C12 사이의 추가적인 고리형성으로 C15에 자유 라디칼이 옮겨가고, 이 위치에 산소분자가 삽입된다. 15-

hydroperoxyeicosa-8,11,14-trienoic acid가 PGHS-1에 의해 prostaglandin으로 전환되지 못하는 점은 산소분자의 첨가가 C11, C15에 순차적으로 진행됨을 말해 준다. 마지막으로 PGG_2 라디칼은 PGG_2로 환원되며, PGHS의 라디칼이 재생된다.

PGHS의 POX 반응은 일반적인 heme peroxidase의 경우와 유사하다. 휴지상태 효소는 Fe(Ⅲ)이며 광학적으로 특징적인 두 중간체 Intermediate Ⅰ과 Intermediate Ⅱ가 관찰된다. Intermediate Ⅰ은 +2가 산화된 상태로 ferryl 철과 porphyrin 라디칼을 가지며 horseradish peroxidase의 Compound Ⅰ이 동등하다. Intermediate Ⅰ은 분자 내의 전자 전달과정으로 tyrosine 곁사슬에 라디칼이 전이된 Intermediate Ⅱ로 전환된다[14]. 산화등가 +2를 지닌 Intermediate Ⅱ는 cytochrome c peroxidase의 ES 복합체와 유사하며[15], 환원성 공기질이 존재하는 경우, 이들 중간체는 Compound Ⅱ를 거치는 두 번에 걸친 산화로 초기상태로 되돌아온다. Intermediate Ⅱ와 Compound Ⅱ는 모두 ferry 상태의 heme을 가지므로 광학적 스펙트럼은 상당히 유사하다. Intermediate Ⅱ의 tyrosyl 라디칼은 410nm 근처에서 흡수 peak를 보이지만 heme의 Soret 부근에서의 peak와 비교할 때, 흡광도 계수는 현저히 낮다[16]. 전반적인 POX 반응은 peroxide의 구조에 거의 무관하다. 하지만 초기반응에서는 작고 친수성을 띠는 peroxide나 공간적으로 방해적인 소수성 peroxide보다는 lipid hydroperoxide를 선호한다[14, 17, 18].

미소체 PGHS-1과 eicosatrienoic acid의 반응에서는 25 G 라디칼 신호가 관찰된다 . 이 라디칼은 POX 활성과 자가불활성화 과정에 관련되어 있으며[19], metmyoglobin이나 methemoglobin의 peroxide와의 반응에서 유발되는 라디칼과 유사하다[20]. PGHS-1이 ethyl hydroperoxide와 반응하면, g = 2 에서 라디칼 신호가 나타나며, 고-스핀과 저-스핀 heme 신호는 감소한다. Peroxide에 의해 유발되는 PGHS-1의 EPR 신호는 ribonuclotide reductase에서 발견되는 tyrosyl 라디칼과 비슷하며[21], COX 반응 사이클에서 PGG_2의 방출 이전에 재생된다. COX 반응은 POX과 부분적으로 연결된 분지 형태로 자가촉매적 특징을 보여준다. 활성화된 COX 반응으로 형성된 PGG_2 hydroperoxide는 잠재적 PGHS 분자의 POX 위치로 이동하여 더 많은 tyrosyl 라디칼 형성을 유도한다. PGHS의 tyrosyl 라디칼 메커니즘을 뒷받침하는 증거로 다음을 들 수 있다: (1) POX와 COX 활성은 heme을 필요로 한다; (2) COX 활성은 POX 활성을 필요로 하지만 POX 활성 자체는 COX 활성과 무관하다;

(3) COX 반응운동론은 가속화되는 초기단계를 포함한다[22, 23].

PGHS 촉매반응에서 몇 가지 특징적인 라디칼 EPR 신호가 관찰된다. 초기단계에서 라디칼 신호는 특징적인 wide doublet[7] (WD1) 로, g = 2.0047에 중심을 둔, 19 G 분리와 34-35 G의 선폭을 가진다. 이 신호는 일시적이며, wide singlet (WS1)으로 바뀐다. PGHS-2에서는 29 G의 wide singlet (WS2)만이 발견된다. COX 저해제[8]로 처리된 PGHS-1이나, Y385F 치환은 25-26 G의 narrow singlet (NS1a) 신호를 나타낸다[24, 25]. PGHS-2에서는 동일한 조건에서 21 G의 narrow singlet (NS2a)가 관측된다 [26]. PGHS-1이 자가불활성화가 진행되면, NS1a와 약간의 차이를 보이는 NS1b 신호가 보인다. WD1에서 NS1a으로의 전이는 이면각[9] (θ_1)의 변화로 설명된다. WD1의 θ_1은 11°이며, NS1a에서는 47°이다. WS1 신호는 WD1과 NS1의 혼합으로 해석되기도 한다. WD1 신호에서 β1 수소이온과 C1의 p_z 오비탈 사이에는 상당한 경직성이 존재하는 것으로 보인다. C1의 홀 전자 밀도는 적어도 0.37에 이른다. 대조적으로 NS1a에서는 동일한 β-수소이온 상태가 용액상의 자유 tyrosyl 라디칼의 경우와 거의 유사하다.

PGHS 반응메커니즘에서 tyrosyl 라디칼의 역할 규명은 다양한 방법으로 시도되었다. Tyr385의 돌연변이나 화학적 수정 연구를 통해 WD 신호가 Tyr385에서 유래하고, POX 활성에 대한 영향은 없는 것으로 밝혀졌다[27, 28]. 하지만 Y385F 돌연변이에서도 tyrosyl 라디칼이 관측되고, 이 라디칼이 indomethacin으로 처리된 PGHS-1에서 보이는 NS1a 신호와 유사한 점은 heme 주변의 대체적 tyrosine 잔기가 Tyr385 대신에 산화될 수 있으며, 이를 통해 tyrosyl 라디칼이 생성됨을 암시한다[27].

POX의 공기질로 작용하는 환원성 물질[10]은 COX 촉매반응에서 tyrosyl 라디칼의 역할을 규명하는 탐침으로 사용되기도 한다. POX의 중간체를 환원시키는 역할 이외에 이 물질은 COX와 POX의 자가 불활성화를 감소시키고 COX 반응속도를 증가시킨다. 이 물질에 의한 PGHS-1 tyrosyl 라디칼의 소멸과 COX 활성의 증가는 다소 상반된 현상으로 보일 수도 있다. 하지만 tyrosyl 라디칼 양은 0.5 mM 페놀 상태에서 약 50% 감소하며, 이 수준 역시 COX 촉

7) PGHS-1인 경우 WD1, WS1, 그리고 NS1a, PGHS-2는 WD2, WS2, 그리고 NS2a로 표기함.

8) Aspirin, indomethacin, 그리고 flurbiprofen

9) C1의 P_Z 오비탈과 tyrosyl radical β-탄소의 C-H결합 사이의 각도

10) 페놀이 대표적 prototype임.

매에 충분한 수준이다[29]. 그리고 효과적인 COX 활성화가 요구하는 hydroperoxide 농도는 2-20 nM 수준으로, POX 공기질이 존재하는 경우에도 내재적인 POX 활성은 COX 활성을 제한하는 수준까지 PGG_2의 농도를 낮출 수는 없다[30]. 높은 농도의 환원성 공기질의 존재는 tyrosyl 라디칼의 소멸을 통해 COX 반응의 저해로 이어질 수 있다.

PGHS의 보결분자단인 heme의 조작을 통해서도 tyrosyl 라디칼의 역할이 연구되었다. Mangano protoporphyrin Ⅸ (MnPPⅨ)는 heme과의 치환 시 상당 수준의 PGHS 활성이 유지된다[31]. MnPPⅨ로 치환된 PGHS-1 (MnPGHS-1)은 초기에는 POX 활성은 전무하며, COX 활성만을 보이는 것으로 간주되었다. 이것이 사실이라면 POX 활성과 무관한 COX 반응 메커니즘도 가능하다는 것을 의미한다. 하지만 이후 MnPGHS-1의 POX활성은 FePGHS-1의 4% 수준임이 확인되었다. POX 반응에서의 중간체 역시 주로 Mn(Ⅳ) protoporphyrin으로 인식되었지만, 실지 15-HPETE와의 반응 시 FePGHS-1과 마찬가지로 Intermediate Ⅰ과 Intermediate Ⅱ 유사체가 확인되었다[18, 32, 33]. 하지만 Intermediate Ⅰ의 형성속도가 Intermediate Ⅱ 경우보다 현저하게 낮아 거의 Intermediate Ⅰ은 축적되지 않는다. Horseradish peroxidase에서도 MnPPⅨ로 치환한 경우, 원위 리간드로 물 분자가 단단히 결합하여 Compound Ⅰ의 형성이 느리게 진행된다[34]. MnPGHS-1의 Intermediate Ⅰ의 스펙트럼은 Mn(Ⅴ) 모델과 유사하며, porphyrin 양이온 라디칼과는 큰 차이를 보인다. 아라키돈산이나 peroxide와의 반응에서 생성되는 라디칼 신호는 36-38 G의 wide singlet ($WS1_{Mn}$)이며, tetranitromethane으로 처리된 MnPGHS-1은 narrow singlet ($NS1_{Mn}$) 라디칼 신호이다[32].

MnPGHS-1이 거의 정상에 근접한 COX 활성을 보이는 점은 branched chain 라디칼 메커니즘을 뒷받침하는 추가적인 현상이다. 이론적으로 PGHS는 한 분자의 peroxide에 의해서도 COX 활성화가 가능하고, 활성화된 COX에 의해 생성된 다량의 PGG_2가 다시 잠재적 PGHS를 활성화시키는 증폭과정을 경험하게 된다. Heme 철 리간드인 cyanide와의 반응에서, COX 활성을 저해할 수 있는 cyanide 농도보다 훨씬 낮은 수준에서 POX 활성이 저해되는 점도 같은 맥락으로 이해될 수 있다 [22]. PGHS-1에서 생성되는 라디칼은 tyrosine에서 유래한 것으로 보인다. WD1은 Tyr385에서 NS1은 Tyr348, Tyr355 이외의 잔기일 가능성이 크다. PGHS-2의 WS2는 WS1보다 좁은 EPR 선폭[11])으로 이면각 (CβH-Cβ-C1-C2)이 다소 다름을 암시한다.

Tyrosyl 라디칼 (WD1, WS1, 또는 WS2)은 peroxide와의 혐기성 반응으로 먼저 생성된다.[12] 이후 이 라디칼은 아라키돈산과 화학양론적으로 반응하여 7-선 EPR 신호를 보여준다[35, 36]. 이 신호는 아라키돈산 근원의 라디칼로, 5,6,8,9,11,12,14,15-octadeuterated 아라키돈산이 사용되는 경우 스펙트럼은 5-선 EPR로 단순화된다. 아라키돈산 라디칼에 산소를 첨가하면 다시 tyrosyl 라디칼이 재생된다. 대조적으로 NS 타입에서는 아라키돈산과 반응이 일어나지 않는다. Eicosa-11,14-dienoic acid가 기질인 경우, PGHS-1은 lipoxygenase로 작용하며 촉매반응에서 tyrosyl 라디칼의 역할은 유사하다. 아라키돈산 라디칼 스펙트럼은 COX 반응에서 기질인 아라키돈산의 중간체 구조에 대한 정보를 제공한다. 아라키돈산의 C10-C15을 포함하는 평면 pentadienyl 라디칼은 C10과 C16의 β-양성자가 강한 상호작용을 형성하는 것으로 보인다. 7-선 EPR 신호는 고농도의 PGHS-1과 과량의 아라키돈산과의 반응에서 관측된 신호와 상당히 유사하다. 아라키돈산 라디칼은 단일전환 조건에서 고착되는 경우가 발생할 수도 있으며, 과량의 PGHS-1과 아라키돈산이 존재하는 경우, 용액에 녹아있는 용존산소가 고갈되어 반응 도중에 혐기성 상황으로 전환됨을 생각해 볼 수 있다. 따라서 COX 반응은 아라키돈산 라디칼 상태에서 정지된다.

상온에서 ethyl hydroperoxide를 기질로 사용하는 경우, Compound Ⅰ 형성은 빠른 속도로 진행되어, heme의 산화환원 반응속도론은 428nm나 524nm에서 Intermediate Ⅱ/Compound Ⅱ를 추적하여 관측된다.[13] PGHS-1에서 WD1 tyrosyl 라디칼의 형성은 4ms 걸리며, WS1으로 전환된다. 라디칼 강도의 변화는 형성과 분해 단계 모두에서 Intermediate Ⅱ 흡광 강도와 일치한다. 이와 같은 일치성은 Intermediate Ⅰ에서 분자 내의 전자 전달에 의해 tyrosyl 라디칼이 생성됨을 뒷받침한다.

PGHS-1의 tyrosyl 라디칼은 peroxide의 화학양론적 수준 아래에서도 효율적으로 생성된다[37]. 이는 tyroxyl 라디칼 형성에 두 번째 hydroperoxide에 의해 Intermediate Ⅰ에서 Compound Ⅱ로 환원되는 과정이 포함된다는 개정된 'tightly coupled' 라디칼 메커니즘과 배치된다. 이 환원과정은 peroxide 양이 생리적 수준보다 높은 경우 의미를 가질 수 있다. 하

---

11) 29-30 G vs 33-35 G

12) Single turnover 조건에서 진행된 실험임.

13) 두 파장은 휴지상태 효소와 Intermediate Ⅰ 사이의 등흡광도점임.

지만 낮은 수준의 eicosa-11,14-dienoic acid와 PGHS-1의 반응에서 보여주는 COX 반응속도론과도 일치하지 않으며, 아마도 광학적 변화에 의해 측정된 Intermediate Ⅱ의 형성속도가 과대평가된 결과일 수 있다. 왜냐하면 Intermediate Ⅱ와 Compound Ⅱ는 동일한 heme 산화환원 상태와 이에 따른 유사한 흡광 스펙트럼을 갖기 때문이다.

Indomethacin으로 처리된 PGHS-1이나 nimesulide로 처리된 PGHS-2를 ethyl hydroperoxide와 반응시키는 경우, 생성되는 NS 라디칼 신호는 Tyr385의 WD를 경유하기보다는 대체적 tyrosyl 라디칼로부터 분자 내의 전자전달에 의해 porphyrin π-양이온 라디칼로 옮겨간다[38]. Aspirin으로 처리한 PGHS-1과 PGHS-2는 COX 활성에 큰 차이를 보인다. 아세틸화된 PGHS-2는 cyclooxygenase 활성의 저해와 동시에 11(R)-, 15(R)-lipoxygenase 활성이 유발된다. PGHS-1의 경우에는 lipoxygenase 활성 유발 없이 cyclooxygenase 활성이 저해된다. 아세틸화된 PGHS-2에서는 peroxide와의 반응으로 native와 유사한 WS 신호가 나타난다. 하지만 PGHS-1 경우에는 native보다 훨씬 좁은 NS 라디칼 신호가 감지된다[25]. 두 동종효소 대한 aspirin 처리가 Tyr385의 라디칼 형성에 미치는 영향이 대조적임을 알 수 있다.

PGHS-1에서 COX 활성은 PGHS-2보다 glutathione peroxidase와 같은 peroxide 제거제에 의한 저해에 더욱 민감하다. 실지 COX 활성에 필요한 peroxide의 농도는 PGHS-1과 PGHS-2에 대해 각각 20nM, 2nM 수준이다[30]. PGHS-2에서 보여지는 효율적인 COX 활성화의 원인이 더 빠른 POX 반응속도론일 가능성도 있지만, 실지 POX 반응의 첫 번째 단계인 Intermediate Ⅰ의 형성속도는 두 동종효소에서 차이를 보이지 않는다[39]. 오히려 두 번째 단계인 Intermediate Ⅱ로의 전환속도가 PGHS-2에서 훨씬 빠르다. Intermediate Ⅱ의 빠른 형성과 증가된 안정성으로 COX 활성화 효율이나 glutathione peroxidase에 대한 저항성은 증가한다.

PGHS의 COX와 POX 활성은 촉매반응이 진행되면서 비가역적인 자가 불활성화를 거친다. 용존산소량의 측정에 의한 전형적인 COX 반응 프로파일은 초기 가속단계, 점진적 속도저하, 그리고 반응정지로 구성된다. 속도저하는 기질의 고갈이나 생성물 저해가 아닌 효소의 자가불활성화에 기인한다. POX 경우에는 반응 개시 후 바로 최대 촉매속도에 도달하고 속도저하도 동시에 진행된다. 새로운 효소의 첨가로 COX나 POX 활성은 복원된다. 촉매 전환율는 10^1 - 10^3 범위이다[40, 41]. 자가불활성화에 대해 환원성 공기질의 존재는 활성 보호적 효과를 보이며, 반응에서 생성된 라디칼은 불활성화 과정의 일부로 인식되고 있다. 자가불활성화 과정을 겪는 PGHS-1 heme의 흡수 스펙트럼에서는 세 전이가 관찰된다. 첫 번째 전이는 420nm에서 등흡광점을 가지며 410nm에서의 큰 감소와 430nm에서의 증가이다. 이 전이는 휴지상태의 효소가 IntermediateⅡ로 전환됨을 반영한다. 두 번째는 Soret peak가 407nm에서 등흡광도점을 가지며 412nm에서 404nm로 이동하는 것이다. 마지막은 전체 스펙트럼에 걸쳐 점진적인 강도의 축소로 특징화 된다. 이 전이를 설명하는 모델에서 효소는 휴지상태 → Intermediate Ⅰ→ Intermediate Ⅱ → Intermediate Ⅲ → Terminal compound 거치는 것으로 보인다. Intermediate Ⅲ의 형성속도는 0.5 – 2 s^{-1}로 POX 불활성화 속도와 거의 일치한다. 불활성화 과정에서 heme의 화학적 변형이나 효소와의 공유결합은 관찰되지 않는다. 이는 myoglobin의 경우와 다르다. Peroxide로 처리된 myoglobin에서는 heme과 공유결합을 형성한다[42].

Tyr504

Tyrosyl 라디칼의 촉매반응 역할은 다양하다. PGHS에서는 유기 기질의 수소원자 추출에 관여하며, 반응이 진행되면서 WD에서 WS와 NS로 전이된다. PGHS-1에서는 Tyr385 라디칼을 대변하는 WD에서 곁사슬 페닐 고리의 회전으로 EPR 신호가 WS1에서 NS1로 바뀐다. POX 기질인 peroxide와의 반응 이전에 COX 활성 저해제와 결합할 때 생기는 NS는 Tyr385 이외의 라디칼 존재로 여겨진다. PGHS-2에서도 PGHS-1과 유사하게 WD2, WS2, 그리고 NS2가 관찰된다. Y504F에서 WD2 → WS2의 전이가 상당한 시간 경과 후에도 일어나지 않는 사실은 이 전이가 Tyr385에서 Tyr504로의 라디칼 이동에 의한 결과임을 뒷받침한다[43]. 이 전이는 Tyr385 잔기의 heme 주위 배열에 근거한 예상과는 차이를 보인다. Tyr148은 Tyr504보다 heme과의 연결에 유리하며, Tyr348은 Tyr385와의 연결에 적합하지만, 실지 Y148F과 Y348F는 라디칼 형성 패턴에서 native PGHS-2와 차이를 보이지 않는다. 아마도 물 분자를 포함하는 추가적 요인이 작용하는 것으로 보인다.

Tyr504 위치에 대체적 tyrosyl 라디칼의 형성차단은 COX 활성에 영향을 주지 않는다. Tyr385와 Tyr504에 존재하는 tyrosyl 라디칼은 평형 상태에 있는 것으로 보인다[35]. 따라서

Tyr504는 Tyr385와 더불어 tyrosyl 라디칼의 저장고 역할을 하며, 가역적으로 전자이동이 이루어진다. PGHS의 자가불활성화는 단백질의 산화적 손실을 주요 요인으로 꼽고 있으며 Intermediate Ⅱ tyrosyl 라디칼의 관련성이 빈번히 언급되었다. 하지만 PGHS-2 Y504F의 자가불활성 속도는 native와 차이를 보이지 않는다. 이는 두 잔기 사이의 라디칼 이동이 자가불활성과는 무관함을 의미한다. Intermediate Ⅱ에 존재하는 oxyferryl heme과 Tyr385 라디칼 두 산화당량 중에 tyrosyl 라디칼의 붕괴속도는 POX 불활성 속도와 일치하지 않는다. 오히려 과량의 EtOOH나 15-HPETE와 PGHS-1의 반응에서 POX 불활성화 반응속도론은 oxyferryl heme의 소실과 상관관계를 보이지만, 불활성화 과정이 진행되는 동안 전체 tyrosyl 라디칼의 강도는 변하지 않는다. EPR 분석에서 EtOOH와의 반응에서 WD의 붕괴 속도와 불활성화 속도는 상당한 일치를 보인다.[14)]

가역적으로 이동 가능한 추가적 라디칼 존재는 ribonucleotide reductase R2의 경우에서도 보인다[44]. 이 효소에서 한쪽의 단위체에서 생성된 tyrosyl 라디칼은 35-40 Å 떨어진 다른 단위체의 thiyl 라디칼 생성을 위해 전자이동이 가역적으로 일어난다. 하지만 Tyr504가 촉매작용의 중요 잔기가 아니므로 PGHS와 ribonucleotide reductase R2 두 효소에서의 tyrosyl 라디칼의 역할은 상이하다. 오히려 광합성 Ⅱ에서 Y_Z/Y_D의 라디칼 짝 경우와 흡사하다. Y_z는 전자이동에 관여하지만 Y_D는 특별히 정의된 역할이 없다[45].

Tyr348

Tyr348은 두 동종효소에서 Tyr385와 매우 가까운 위치에 있다. 페놀 산소 사이의 평균거리가 2.8 Å으로 수소결합의 적정거리이다. 실지 EPR과 ENDOR[15)] 연구에서 Tyr385의 수소결합 존재를 암시하고 있으며, 이는 Tyr385 라디칼의 특성이 근처의 Tyr348과의 수소결합을 통해 조절될 수 있음을 의미한다[46, 47]. Heme 주위 Tyr 잔기 중에 Tyr385와 Tyr504는 peroxide와의 반응을 통해 산화되어 tyrosyl 라디칼로 전환된다. Y504F에서는 라디칼 생성이 Tyr385에 국한된다. 이 돌연변이와 추가로 Tyr348을 Phe로 치환한 Y385F/Y348F 돌연변이

14) WD 붕괴속도상수와 불활성화 속도상수는 각각 0.19 s^{-1}, 0.14 s^{-1}임.

15) Electron nuclear double resonance spectroscopy

의 비교를 통해 두 잔기 사이의 수소결합 역할이 분석되었다[48]. Tyr348은 Tyr385에서 heme으로 전자이동의 최적 경로에 놓여 있지 않다. 그러므로 Y348F 치환이 이 전자이동 경로의 변경이나 속도감소를 유발하지 않는다. 하지만 두 Tyr 잔기 사이의 수소결합은 Tyr385의 최적 위치화의 주요 인자로 보인다. 실지 Y504F/Y348F에서 라디칼의 생성속도가 10배 이상 느려지는 점은 이를 뒷받침한다. 수소결합의 부재로 Tyr385 라디칼의 페닐 고리의 회전이 유연성을 가지는 점은 EPR 상에서 NS의 강도가 시간이 경과하면서 증가하는 관찰을 설명해준다. 이 유연성의 증가는 활성부위의 급격한 입체형태 변화를 가져오지 않으므로 기질의 결합모드나 생성물의 분포는 그대로 유지된다. 하지만 저해제와의 결합에 미치는 영향은 특기할 만하다.

Y504F 돌연변이와 저해제의 결합은 저해제가 Tyr385의 주변환경을 변화시켜 라디칼 형성을 방해한다. 하지만 Y504F/Y348F는 nimesulide나 diclofenac으로 처리한 후, peroxide와의 반응에서 뚜렷한 Tyr385 NS 라디칼을 보여준다. 이는 Tyr348과의 수소결합이 부재인 상황에서 Tyr385에 의해 채택되는 새로운 입체형태가 저해제의 구조에 의해 결정되지 않음을 암시한다. PGHS-1 결정구조에서 Tyr348과 Tyr385는 Ser530의 전니편에 위치한다[9]. Bromoacetyl화된 PGHS-1에서 Tyr385 페놀 산소는 Tyr348 수산기, Ser530에 존재하는 bromoacetyl 그룹의 인접산소와 약 3.0 Å의 동일 거리에 위치한다. 이와 같은 배열로 기질의 수용은 차단되며, COX 활성은 완전히 상실된다. 하지만 PGHS-2에서는 aspirin 처리 후에도 lipoxygenase 활성이 관찰되며, 이는 아세틸화된 Ser530과 Tyr385 사이의 수소결합 네트워크의 부재를 암시한다[49]. 따라서 tyrosyl 라디칼의 변동은 PGHS-1에 국한하는 것으로 예상된다. 하지만 이 돌연변이를 aspirin으로 처리하면 native PGHS-2와 달리 COX 활성이 완전히 소실되는 점은 상당히 예외적이다. 이는 수소결합 부재로 활성부위에서의 Tyr385의 증가된 유연성으로 오히려 Tyr385가 Ser530의 아세틸기와 수소결합을 형성하고, 이는 Tyr385 활성잔기를 활성부위에서 벗어나게 하는 결과를 예상해 볼 수 있다. 이 돌연변이의 라디칼 특성과 저해제 결합모드는 오히려 native PGHS-1과 유사한 점이 많다. Tyr348-Tyr385 수소결합의 부재로 이 돌연변이의 WD → WS 전이는 native PGHS-2보다 훨씬 느리게 진행된다.[16]

16) Native PGHS-2, Y504F/Y348F PGHS-2 돌연변이, 그리고 native PGHS-1의 전이시간은 각각 50ms, 10sec, 50sec임.

참고문헌

1. Licht, S., G.J. Gerfen, and J. Stubbe, *Thiyl radicals in ribonucleotide reductases.* Science, 1996. **271**(5248): p. 477-81.
2. Unkrig, V., F.A. Neugebauer, and J. Knappe, *The free radical of pyruvate formate-lyase. Characterization by EPR spectroscopy and involvement in catalysis as studied with the substrate-analogue hypophosphite.* Eur J Biochem, 1989. **184**(3): p. 723-8.
3. Sivaraja, M., et al., *Identification by ENDOR of Trp191 as the free-radical site in cytochrome c peroxidase compound ES.* Science, 1989. **245**(4919): p. 738-40.
4. Sjoberg, B.M., et al., *The tyrosine free radical in ribonucleotide reductase from Escherichia coli.* J Biol Chem, 1978. **253**(19): p. 6863-5.
5. Debus, R.J., et al., *Directed mutagenesis indicates that the donor to P+680 in photosystem II is tyrosine-161 of the D1 polypeptide.* Biochemistry, 1988. **27**(26): p. 9071-4.
6. Debus, R.J., et al., *Site-directed mutagenesis identifies a tyrosine radical involved in the photosynthetic oxygen-evolving system.* Proc Natl Acad Sci U S A, 1988. **85**(2): p. 427-30.
7. Whittaker, M.M. and J.W. Whittaker, *A tyrosine-derived free radical in apogalactose oxidase.* J Biol Chem, 1990. **265**(17): p. 9610-3.
8. MacMillan, F., et al., *Direct evidence for a tyrosine radical in the reaction of cytochrome c oxidase with hydrogen peroxide.* Biochemistry, 1999. **38**(29): p. 9179-84.
9. Picot, D., P.J. Loll, and R.M. Garavito, *The X-ray crystal structure of the membrane protein prostaglandin H2 synthase-1.* Nature, 1994. **367**(6460): p. 243-9.
10. Luong, C., et al., *Flexibility of the NSAID binding site in the structure of human cyclooxygenase-2.* Nat Struct Biol, 1996. **3**(11): p. 927-33.
11. Kurumbail, R.G., et al., *Structural basis for selective inhibition of cyclooxygenase-2*

by anti-inflammatory agents. Nature, 1996. **384**(6610): p. 644-8.

12. Tsai, A.L., et al., *Heme coordination of prostaglandin H synthase*. J Biol Chem, 1993. **268**(12): p. 8554-63.
13. Hamberg, M. and B. Samuelsson, *On the mechanism of the biosynthesis of prostaglandins E-1 and F-1-alpha*. J Biol Chem, 1967. **242**(22): p. 5336-43.
14. Dietz, R., W. Nastainczyk, and H.H. Ruf, *Higher oxidation states of prostaglandin H synthase. Rapid electronic spectroscopy detected two spectral intermediates during the peroxidase reaction with prostaglandin G2*. Eur J Biochem, 1988. **171**(1-2): p. 321-8.
15. Yonetani, T. and H. Schleyer, *Studies on cytochrome c peroxidase. VII. Electron paramagnetic resonance absorptions of the enzyme and complex ES in dissolved and crystalline forms*. J Biol Chem, 1966. **241**(13): p. 3240-3.
16. Ehrenberg, A. and P. Reichard, *Electron spin resonance of the iron-containing protein B2 from ribonucleotide reductase*. J Biol Chem, 1972. **247**(11): p. 3485-8.
17. Bakovic, M. and H.B. Dunford, *Reactions of prostaglandin endoperoxide synthase and its compound I with hydroperoxides*. J Biol Chem, 1996. **271**(4): p. 2048-56.
18. Tsai, A., et al., *Comparison of peroxidase reaction mechanisms of prostaglandin H synthase-1 containing heme and mangano protoporphyrin IX*. J Biol Chem, 1997. **272**(14): p. 8885-94.
19. Egan, R.W., J. Paxton, and F.A. Kuehl, Jr., *Mechanism for irreversible self-deactivation of prostaglandin synthetase*. J Biol Chem, 1976. **251**(23): p. 7329-35.
20. Kalyanaraman, B., et al., T*he free radical formed during the hydroperoxide-mediated deactivation of ram seminal vesicles is hemoprotein-derived*. J Biol Chem, 1982. **257**(9): p. 4764-8.
21. Karthein, R., et al., *Higher oxidation states of prostaglandin H synthase. EPR study of a transient tyrosyl radical in the enzyme during the peroxidase reaction*. Eur J Biochem, 1988. **171**(1-2): p. 313-20.

22. Kulmacz, R.J. and W.E. Lands, *Quantitative similarities in the several actions of cyanide on prostaglandin H synthase*. Prostaglandins, 1985. **29**(2): p. 175-90.

23. Kulmacz, R.J., J.F. Miller, Jr., and W.E. Lands, *Prostaglandin H synthase: an example of enzymic symbiosis*. Biochem Biophys Res Commun, 1985. **130**(2): p. 918-23.

24. Kulmacz, R.J., et al., *Prostaglandin H synthase: spectroscopic studies of the interaction with hydroperoxides and with indomethacin*. Biochemistry, 1990. **29**(37): p. 8760-71.

25. Lassmann, G., et al., *Electron spin resonance investigation of tyrosyl radicals of prostaglandin H synthase. Relation to enzyme catalysis*. J Biol Chem, 1991. **266**(30): p. 20045-55.

26. Xiao, G., et al., *Analysis of hydroperoxide-induced tyrosyl radicals and lipoxygenase activity in aspirin-treated human prostaglandin H synthase-2*. Biochemistry, 1997. **36**(7): p. 1836-45.

27. Tsai, A., et al., *Characterization of the tyrosyl radicals in ovine prostaglandin H synthase-1 by isotope replacement and site-directed mutagenesis*. J Biol Chem, 1994. **269**(7): p. 5085-91.

28. Shimokawa, T., et al., *Tyrosine 385 of prostaglandin endoperoxide synthase is required for cyclooxygenase catalysis*. J Biol Chem, 1990. **265**(33): p. 20073-6.

29. Tsai, A.L., G. Palmer, and R.J. Kulmacz, *Prostaglandin H synthase. Kinetics of tyrosyl radical formation and of cyclooxygenase catalysis*. J Biol Chem, 1992. **267**(25): p. 17753-9.

30. Kulmacz, R.J. and L.H. Wang, *Comparison of hydroperoxide initiator requirements for the cyclooxygenase activities of prostaglandin H synthase-1 and -2*. J Biol Chem, 1995. **270**(41): p. 24019-23.

31. Ogino, N., et al., *Prostaglandin endoperoxide synthetase from bovine vesicular gland microsomes. Inactivation and activation by heme and other metalloporphyrins*. J Biol Chem, 1978. **253**(14): p. 5061-8.

32. Kulmacz, R.J., et al., *Reaction and free radical kinetics of prostaglandin H synthase with manganese protoporphyrin IX as the prosthetic group*. Biochemistry, 1994. **33**(18): p. 5428-39.

33. Odenwaller, R., K.R. Maddipati, and L.J. Marnett, *Detection of a higher oxidation state of manganese-prostaglandin endoperoxide synthase*. J Biol Chem, 1992. **267**(20): p. 13863-9.

34. Yonetani, T. and T. Asakura, *Studies on cytochrome c peroxidase. XV. Comparison of manganese porphyrin-containing cytochrome c peroxidase, horseradish peroxidase, and myoglobin*. J Biol Chem, 1969. **244**(17): p. 4580-8.

35. Tsai, A., et al., *Structural characterization of arachidonyl radicals formed by prostaglandin H synthase-2 and prostaglandin H synthase-1 reconstituted with mangano protoporphyrin IX*. J Biol Chem, 1998. **273**(7): p. 3888-94.

36. Tsai, A., R.J. Kulmacz, and G. Palmer, *Spectroscopic evidence for reaction of prostaglandin H synthase-1 tyrosyl radical with arachidonic acid*. J Biol Chem, 1995. **270**(18): p. 10503-8.

37. Tsai, A.L., G. Wu, and R.J. Kulmacz, *Stoichiometry of the interaction of prostaglandin H synthase with substrates*. Biochemistry, 1997. **36**(42): p. 13085-94.

38. Tsai, A., et al., *Rapid kinetics of tyrosyl radical formation and heme redox state changes in prostaglandin H synthase-1 and -2*. J Biol Chem, 1999. **274**(31): p. 21695-700.

39. Lu, G., et al., *Comparison of the peroxidase reaction kinetics of prostaglandin H synthase-1 and -2*. J Biol Chem, 1999. **274**(23): p. 16162-7.

40. Kulmacz, R.J., *Prostaglandin H synthase and hydroperoxides: peroxidase reaction and inactivation kinetics*. Arch Biochem Biophys, 1986. **249**(2): p. 273-85.

41. Marshall, P.J., R.J. Kulmacz, and W.E. Lands, *Constraints on prostaglandin biosynthesis in tissues*. J Biol Chem, 1987. **262**(8): p. 3510-7.

42. Osawa, Y. and K. Korzekwa, *Oxidative modification by low levels of HOOH can*

transform myoglobin to an oxidase. Proc Natl Acad Sci U S A, 1991. **88**(16): p. 7081-5.

43. Rogge, C.E., et al., *Identification of Tyr504 as an alternative tyrosyl radical site in human prostaglandin H synthase-2*. Biochemistry, 2004. **43**(6): p. 1560-8.
44. Stubbe, J., *Ribonucleotide reductases: amazing and confusing*. J Biol Chem, 1990. **265**(10): p. 5329-32.
45. Tommos, C., et al., *Manganese and tyrosyl radical function in photosynthetic oxygen evolution*. Curr Opin Chem Biol, 1998. **2**(2): p. 244-52.
46. Dorlet, P., et al., *High-field EPR study of tyrosyl radicals in prostaglandin H(2) synthase-1*. Biochemistry, 2002. **41**(19): p. 6107-14.
47. Wilson, J.C., et al., *Determination of the structural environment of the tyrosyl radical in prostaglandin H2 synthase-1: a high frequency ENDOR/EPR study*. J Am Chem Soc, 2005. **127**(6): p. 1618-9.
48. Rogge, C.E., et al., *Role of Tyr348 in Tyr385 radical dynamics and cyclooxygenase inhibitor interactions in prostaglandin H synthase-2*. Biochemistry, 2006. **45**(2): p. 523-32.
49. Meade, E.A., W.L. Smith, and D.L. DeWitt, *Differential inhibition of prostaglandin endoperoxide synthase (cyclooxygenase) isozymes by aspirin and other non-steroidal anti-inflammatory drugs*. J Biol Chem, 1993. **268**(9): p. 6610-4.

III. PGHS 입체화학

PGG_2 C15 배열

일반적으로 PGHS는 산소가 첨가되는 반응의 입체화학에서 엄격한 조절양상을 보인다. 그 결과 prostaglandin endoperoxide 형성과정에서 예외 없이 11R과 15S 입체화학을 유지한다. 특히 15S 배열에는 Ser530과 Val349가 중요한 역할을 하는 것으로 알려져 있다. 이들 잔기의 입체형태 변화는 산소 첨가반응의 입체화학이 바뀌는 결과를 낳는다. 예를 들어 Ser530을 Met, Thr, 또는 Val으로 치환한 경우 C15는 S-배열 대신에 R-배열로의 높은 입체화학적 선택성을 보인다[1, 2]. 극성을 띠는 아미노산과 비극성인 아미노산 모두 같은 결과를 나타내는 것으로 보아 Ser530의 수산기가 참여하는 수소결합보다는 입체적 효과가 (S)-입체화학적 배열에 주 요인으로 작용하는 것으로 보인다. Ser530 잔기의 치환은 동종효소 특이적이다. PGHS-1 돌연변이는 불활성을 보이지만 PGHS-2에서는 계속해서 생성물이 만들어진다. 치환된 PGHS-2 효소가 oxygenase 활성을 견지하는 이유는 PGHS-2 효소의 활성부위가 PGHS-1에 비해 상대적으로 큰 것에 기인한다[3]. 그로 인해 아미노산 치환으로 인한 공간 점유에 좀 더 유연할 수 있다.

V349I 돌연변이는 PGHS-1과 PGHS-2 경우 모두 반응 특이성이 변해 15S뿐만 아니라 15R도 50%내외 생성된다. 이 효과는 Ile에 대해서만 특이적이다. Val349를 Leu, Thr, Asn, 또는 Ala로 치환한 경우 C15의 입체화학 특이성에는 큰 영향을 주지 않는다. Ser530과는 대조적으로 Val349는 동종효소 특이성을 보이지 않는다. 두 동종효소 모두 더 부피가 큰 아미노산 (Ile, Leu, 또는 Asn)으로 치환한 경우에도 COX 활성은 영향을 받지 않는다. PGHS-2의 결정 구조 상에서 Ser530과 Val349는 Tyr385 건너편에 위치하며 기질통로의 일부분을 담당하고 있다[4]. 아라키돈산이 결합된 PGHS-1의 결정구조에서도 Ser530은 아라키돈산의 C10, C16과 접촉할 수 있는 위치에 놓여있다. 반대로 Val349는 기질의 C3, C4에 근접해 있고 따라

서 C15와는 멀리 떨어져 있다. 하지만 C15의 산소첨가는 반응 메커니즘에서 endoperoxide 형성, cyclopentane 고리형성 이 후에 일어나는 단계로, 앞의 두 단계가 진행되면서 아라키돈산의 ω말단은 상당한 위치이동을 경험하게 되고 이로 인해 C15은 Val349에 가까이 접근하게 된다. PGH2가 결합된 PGHS-2 구조에서, Val349 곁사슬의 메틸 탄소와 prostaglandin의 C15 사이의 거리가 단지 4.7 Å인 점은 이를 뒷받침한다[5].

Ser530 돌연변이 효소와 aspirin에 의한 Ser530의 아세틸화 효과를 비교해보면 차이점과 공통점을 모두 발견할 수 있다. PGHS-1에서는 두 경우 모두 COX의 불활성화를 가져온다. PGHS-2에서는 Ser530의 아세틸화는 prostaglandin에서 15R-HETE로의 생성물 종류의 변화를 가져오지만, 돌연변이 효소에서는 prostaglandin endoperoxide 형성은 변화가 없으며, 다만 C15의 입체화학적 배열만 (S)에서 (R)로 바뀌게 된다. 흥미롭게도 포유류 PGHS 효소의 Ser530과 Val349의 입체화학적 배열의 특성은 *P. homomalla*의 15R-COX 효소에서도 보인다[6].

아세틸화된 PGHS-1과 PGHS-2

다수의 NSAID 작용 기전은 COX 활성부위에 비공유적으로 결합하여 아라키돈산이 PGG_2로 전환하는 것을 방해하고 그 결과 prostaglandin 합성을 저해한다. 이와 같은 저해양상과 달리 aspirin이나 PGHS-2 특이적 aspirin 계열의 (2-acetoxyphenyl) hept-2-ynyl sulfide는 Ser530 곁사슬과 공유결합을 형성한다[7, 8]. 공유결합을 통해 두 동종효소의 동일한 잔기에 아세틸기가 첨가되지만, 그로 인한 생성물의 프로파일은 현저한 차이를 보인다. PGHS-1의 경우 아세틸화는 COX 활성의 완전한 소실을 가져오지만, 아세틸화된 PGHS-2는 lipoxygenase에서와 같이 15-(R)-HETE, 11-(R)-HETE가 주요 생성물이다. 이와 같은 차이는 PGHS-1과 PGHS-2의 결정구조 비교가 단초를 제공한다. 두 동종효소의 활성부위는 크기에서 현격한 차이를 보인다[3, 9]. PGHS-2의 Val434는 소위 '측면 포켓' 이라 칭하는 용매접근 가능공간의 입구를 제공하고 COX 활성부위 전체공간의 증가를 가져온다. 추가로 측면 포켓에 위치한 PGHS-2 특이적 잔기에는 Arg513 있으며, 이 잔기의 곁사슬은 COX 활성부위의 중간을 향하고 있어 아라키돈산 carboxyl 그룹의 대체결합 부위일 가능성을 암시한다.

측면 포켓에 위치한 주요 잔기들의 돌연변이 분석은 다시 한번 PGHS-2 특이적 잔기의 중요성을 보여준다. 우선 삼중돌연변이효소(V434I/R513H/V523I)는 아세틸화 조건에서 PGHS-1처럼 15-HETE 합성능력을 상실한다. 단일 치환인 경우에는 부분적인 상실을 보여주며, V434I 또는 V523I PGHS-2에서는 입체 상호작용의 변화가, R513H에서는 정전기적 상호작용의 가능성이 예상된다. 실지로 PGHS-2 Arg513은 His보다 활성부위 안쪽으로 길게 뻗어 있으며 그로 인해 용매 접근 가능 공간의 축소를 가져온다. 아마도 Arg513은 직접적인 입체적 영향보다는 COX 활성부위의 위치 적정화에 기여하는 역할이 크고, 아세틸화된 PGHS-2의 경우에도 HETE 합성에 유리한 배열의 안정화에 기여한다고 볼 수 있다.

COX 중앙 활성통로와 상부통로의 접속점에 위치한 Val228, 상부통로의 말단의 Gly533은 아라키돈산이 L-형상 이외에 hairpin 또는 U-형상의 가능성을 확인하는 데 사용될 수 있다. PGHS-2 V228F는 아세틸화 이전에는 native PGHS-2와 생성물 프로파일에서 차이를 보이지 않는다[10]. 하지만 aspirin 처리 후에는 PGHS-1처럼 HETE 생성이 중지된다. G533V와 G533L에서는 아세틸화 여부에 상관없이 HETE 생성이 보이지 않는 것으로 보아 아라키돈산의 conformer가 L-형상 이외일 가능성은 희박하다. 이와 같은 PGG_2나 HPETE 합성과정에 필요한 생산적 conformer 형성은 PGHS-2 활성부위의 유연성에 기인하며, PGHS-1는 상대적인 경직성으로 conformer 형성에 있어 제한적이다.

아세틸화된 PGHS-2에 의해 생성되는 15R-hydroxyeicosatetraenoic acid (15R-HETE)는 PGG_2에서 보이는 15S 배열과는 상반된 입체배열이다. 표지된 아라키돈산을 이용한 연구에서 PGG_2 생성과정에서와같이 HETE 경우에도 C13의 pro-S 수소가 이탈되는 것이 확인되었다[11]. C13에서 수소추출과 C15에서 산소삽입이 대부분의 cyclooxygenase와 lipoxygenase에서 'antarafacial' 규칙[17]을 따르는 것과는 차이를 보인다. 15R-HETE 합성의 이론적 설명으로 기질인 아라키돈산이 활성부위에서의 역배치를 생각해 볼 수 있다. 이와 같은 현상은 lipoxygenase 촉매반응에서 전례가 있다[12, 13]. C13을 중심으로 정상배치에서 11R-HETE이 생성되므로 역배치에서는 C11위치를 C15가 점하게 되고 15R-HETE 생성은 자연스럽다. 하지만 이 모델은 C13의 pro-R 수소의 추출을 가정하므로 확인된 pro-S 입체화학과는 반대이다. 두 번째 가능성으로 산소분자의 접근방향이 Ser530의 아세틸화로 바뀌는

17) 산소분자 삽입과 수소추출이 기질의 다른 면에서 일어남.

것을 생각해 볼 수 있다. COX 촉매반응에서 산소분자의 조절에 관해서는 아직 구체적으로 알려진 바가 없다. 가장 가능성이 있는 설명은 Ser530의 아세틸화로 인해 아라키돈산의 ω말단은 점유할 수 있는 공간이 줄어들어 이에 적합한 재배치를 강요당하게 된다는 것이다. 그로 인해 C11은 더 이상 산소공격에 노출되지 못하고 대신에 C15에서 산소첨가 반응이 진행되고 ω 말단의 이동으로 입체화학에서도 변화를 동반하게 되는 것으로 보인다.

아세틸화된 PGHS-2와 Ser530 돌연변이의 PGHS 저해제에 대한 감수성은 특기할 만하다. 비선택적이고 시간-의존적인 flurbiprofen의 저해 효능은 native와 비교할 때, 두 효소에 대해 각각 6배, 20배 감소하며, NS-398인 경우에는 Ser530에서만 6배 감소하고 아세틸화된 PGHS-2는 native와 차이를 보이지 않는다[14]. Diclofenac과 meclofenamic acid는 예외적으로 두 효소에 대한 저해성을 나타내지 않는다. 이는 fenamate 그룹의 저해제인 경우 COX 활성부위에서의 결합모드가 일반 NSAID와 차이가 있음을 암시한다.

PGG_2 고리화 과정

COX 활성부위에 위치한 잔기들의 돌연변이 연구는 기질 또는 억제제의 결합이나 촉매작용 개시에 초점이 맞춰있다. 특정 잔기의 돌연변이로 생성물의 종류나 분포가 달라 지지만 prostaglandin 합성의 입체화학은 그대로 유지된다. 예외적으로 COX 활성부위에 있는 아라키돈산의 C15을 둘러싸는 특정 잔기의 치환은 PGG_2의 15-hydroperoxy 그룹의 (S) 입체배열을 (R)로 전환 시킨다[15]. 확인된 잔기 중에는 aspirin 아세틸화의 표적인 Ser530이 있으며, 15(S) 입체화학 유지에 중요한 역할을 담당한다. Met, Val, 또는 Thr으로의 치환을 통해 전체 생성물의 80% 이상이 15(R) 배열로 바뀐다. Val349 경우에도 Ile로 치환한 경우 절반 정도의 효과가 나타난다.

C11의 경우에는 C15 입체화학 조절 양상과 대조적이다. C11 주변공간의 증감이 C11의 입체화학에 영향을 주지 않는다. PGG_2 이외의 부산물인 11-HETE 역시 11(R) 배열을 유지한다 [16, 17]. Gly526과 Leu384 돌연변이 연구는 prostaglandin 입체화학 특성을 뒷받침한다. 아라키돈산과 PGHS-1의 결합구조에서 C8-C10 탄소는 Gly526을 향해 비틀어져 있으며, PGHS-2와 PGG_2의 결합구조에서 PGG_2의 이중 고리가 Gly526과 매우 근접해 있는 것으로

보아 COX 반응이 진행되는 동안 생성되는 중간체 라디칼 역시 Gly526과의 근접성을 암시한다. Gly526는 PGHS-2 선택적인 억제제의 결합에 중요한 역할을 하는 Val523과 aspirin에 의한 아세틸화 표적 잔기인 Ser530을 포함하는 나선 상에 놓여있다. Leu384는 COX 기질 결합 통로의 상부를 구성하고 있으며, 바로 이웃에는 Tyr385가 있고, 아라키돈산의 C8-C11 탄소와 접촉하고 있다. 이와 같은 배열을 저해하는 돌연변이는 생성물 형성의 최적 위치화에 영향을 주고, 특히 C8과 C12의 탄소결합을 방해해서 cyclopentane 고리형성을 불가능하게 한다. 하지만 11(R) 특이성은 그대로 유지된다.

Gly526와 Leu384의 돌연변이에 의한 prostaglandin 생성반응이 고리형성 단계 바로 직전에서 정지된다면 대체적인 과정으로 C8 hydroperoxide 생성물을 예상해 볼 수 있지만, C8 hydroperoxide 생성물은 관찰되지 않는다[18]. 이는 C8 탄소 주위로 산소분자 접근이 용이하지 않거나, 설사 C8 hydroperoxyl 라디칼이 생성된다 해도 이를 안정화 할 수 있는 적절한 수소 공여체가 결핍하여 다른 탄소 라디칼로 쉽게 전환되는 것으로 보인다. 정상적인 COX 촉매반응에서는 C8 라디칼은 C12와 반응하여 cyclopentane 고리를 형성한다. Gly526과 Leu384 돌연변이 효소에서는 고리형성 과정이 차단되어 느린 속도이지만 다른 반응이 진행된다. 그 중 하나가 C12 대신에 endoperoxide 부분의 C9 탄소에 붙어 있는 산소와 결합하여 8,9-epoxide를 형성한다. Endoperoxide의 산소-산소 결합 균등 분열로 생성된 C11 alkoxyl 라디칼은 C12와 또 하나의 epoxide를 형성하고 라디칼은 C13 또는 C15에 전이된다. 이 위치에 두 번째로 첨가되는 산소는 입체화학 특이적으로 13(R) 또는 15(R) 배열을 가짐으로써 결과적으로 8,9-11,12-diepoxy-13R- 또는 -15R-hydro(pero)xy 유도체가 생성된다. 중간에 정상 궤도에서 이탈되지만 마지막 단계에서는 본래 궤도로 회귀하는 것을 볼 수 있다. 기질의 C11에서 일어나는 산소화 반응은 예외 없이 11(R) 입체화학을 유지하지만, Gly526, Leu384, Val349, 또는 Ser530 잔기의 치환으로 두 번째 산소화 반응결과는 15(S), 13(R), 15(R) 배열을 나타낼 수 있다. Gly526이나 Leu384는 C13/C15에서 떨어져 있어 직접적인 영향보다는 간접적으로 기질인 아라키돈산의 ω말단부위의 재배열을 유도하는 것으로 보인다[10, 11].

참고문헌

1. Holtzman, M.J., J. Turk, and L.P. Shornick, *Identification of a pharmacologically distinct prostaglandin H synthase in cultured epithelial cells*. J Biol Chem, 1992. **267**(30): p. 21438-45.
2. Lecomte, M., et al., *Acetylation of human prostaglandin endoperoxide synthase-2 (cyclooxygenase-2) by aspirin*. J Biol Chem, 1994. **269**(18): p. 13207-15.
3. Luong, C., et al., *Flexibility of the NSAID binding site in the structure of human cyclooxygenase-2*. Nat Struct Biol, 1996. **3**(11): p. 927-33.
4. Malkowski, M.G., et al., *The productive conformation of arachidonic acid bound to prostaglandin synthase*. Science, 2000. **289**(5486): p. 1933-7.
5. Kiefer, J.R., et al., *Structural insights into the stereochemistry of the cyclooxygenase reaction*. Nature, 2000. **405**(6782): p. 97-101.
6. Valmsen, K., et al., *The origin of 15R-prostaglandins in the Caribbean coral Plexaura homomalla: molecular cloning and expression of a novel cyclooxygenase*. Proc Natl Acad Sci U S A, 2001. **98**(14): p. 7700-5.
7. Roth, G.J., E.T. Machuga, and J. Ozols, *Isolation and covalent structure of the aspirin-modified, active-site region of prostaglandin synthetase*. Biochemistry, 1983. **22**(20): p. 4672-5.
8. Kalgutkar, A.S., et al., *Aspirin-like molecules that covalently inactivate cyclooxygenase-2*. Science, 1998. **280**(5367): p. 1268-70.
9. Kurumbail, R.G., et al., *Structural basis for selective inhibition of cyclooxygenase-2 by anti-inflammatory agents*. Nature, 1996. **384**(6610): p. 644-8.
10. Rowlinson, S.W., et al., *Spatial requirements for 15-(R)-hydroxy-5Z,8Z,11Z, 13E-eicosatetraenoic acid synthesis within the cyclooxygenase active site of murine COX-2. Why acetylated COX-1 does not synthesize 15-(R)-hete*. J Biol Chem, 2000. **275**(9): p. 6586-91.

11. Schneider, C. and A.R. Brash, *Stereospecificity of hydrogen abstraction in the conversion of arachidonic acid to 15R-HETE by aspirin-treated cyclooxygenase-2. Implications for the alignment of substrate in the active site*. J Biol Chem, 2000. **275**(7): p. 4743-6.

12. Schwarz, K., et al., *Probing the substrate alignment at the active site of 15-lipoxygenases by targeted substrate modification and site-directed mutagenesis. Evidence for an inverse substrate orientation*. Biochemistry, 1998. **37**(44): p. 15327-35.

13. Jisaka, M., et al., *Identification of amino acid determinants of the positional specificity of mouse 8S lipoxygenase and human 15S-lipoxygenase-2*. J Biol Chem, 2000. **275**(2): p. 1287-93.

14. Mancini, J.A., et al., *Altered sensitivity of aspirin-acetylated prostaglandin G/H synthase-2 to inhibition by nonsteroidal anti-inflammatory drugs*. Mol Pharmacol, 1997. **51**(1): p. 52-60.

15. Schneider, C., et al., *Control of prostaglandin stereochemistry at the 15-carbon by cyclooxygenases-1 and -2. A critical role for serine 530 and valine 349*. J Biol Chem, 2002. **277**(1): p. 478-85.

16. Hecker, M., et al., *Identification of novel arachidonic acid metabolites formed by prostaglandin H synthase*. Eur J Biochem, 1987. **169**(1): p. 113-23.

17. Hawkins, D.J. and A.R. Brash, *Eggs of the sea urchin, Strongylocentrotus purpuratus, contain a prominent (11R) and (12R) lipoxygenase activity*. J Biol Chem, 1987. **262**(16): p. 7629-34.

18. Schneider, C., W.E. Boeglin, and A.R. Brash, *Identification of two cyclooxygenase active site residues, Leucine 384 and Glycine 526, that control carbon ring cyclization in prostaglandin biosynthesis*. J Biol Chem, 2004. **279**(6): p. 4404-14.

IV. PGHS 전체 구조와 주요 잔기 특성

전체 구조

PGHS는 동종이량체로, 70 kD의 단위체는 EGF-like 도메인, 막결합 도메인, 그리고 촉매 도메인으로 구성되어 있다. 촉매 도메인에는 peroxidase (POX)와 cyclooxygenase (COX) 활성부위가 위치한다. 촉매 도메인의 접힘은 heme-의존적 peroxidase superfamily에 속하는 단백질과 상당히 유사하다.[18] PGHS를 구성하는 2차 구조의 대부분은 α-나선이다. 이들 α-나선은 통상 숫자와 알파벳에 의해 명명된다.[19] 이들 중에 나선 2, 5, 6, 8, 12, 16, 그리고 17은 공통적 peroxidase 접힘을 이룬다[1]. PGHS-1에서 Asn68, Asn144, 그리고 Asn410은 잔기는 *N*-글라이코실화 위치로 모두 Asn-Gln-Ser 서열을 유지한다. 각 위치에는 $(NAG)_2(Man)_7$ 또는 $(NAG)_2(Man)_9$ 구성의 다당류가 첨가된다[2]. 잔기 34-72로 구성된 EGF-like 도메인은 역평행의 두 β-가닥이 세 이황화 결합에 의해 연결된 β-sheet이다. Cys37과 Cys157의 네 번째 이황화 결합은 EGF-like 도메인을 효소의 중앙부에 연결한다.

PGHS 이량체는 타원형이며, 이량체 접촉면은 비교적 열려 있는 상태로, 단위체의 용매 접근 가능 표면의 13%를 차지한다.[20] 이 접촉면에서 시작하여 촉매도메인 기저에 이르는 물로 채워진 통로가 존재한다. Myeloperoxidase (MPO)에서도 이와 유사한 통로가 관찰된다.[21] 이 통로를 통해 물 분자는 COX 활성부위 내부로의 이동이 가능하며, 물 분자의 구조는 매우

---

18) 포유류 효소로 myeloperoxidase, 식물효소로 lignin peroxidase, horseradish peroxidase, 균류효소로 cytochrome c peroxidase가 있음.

19) 나선 A, 잔기 74-82; B, 86-93; C, 97-104; D, 108-121; E, 139-143; 나선 1, 174-181; 2, 196-206; 3, 238-244; 5, 296-319; 6, 325-353; 8, 379-384; 9, 413-417; 10, 419-428; 11/12, 445-457; 13, 464-469; 14, 478-482; 15, 486-495; 16, 503-509; 17, 520-535; 18, 553-561; 19, 564-569

20) 전체 규모는 99 Å × 65 Å × 55 Å, 이량체 접촉면은 2893 $Å^2$임.

21) 통로 규모는 PGHS-1에서는 129 Å × 105 Å × 20 Å이며, MPO에서는 10 Å × 10 Å × 25 Å 임.

역동적이다. 이차적 통로의 존재는 squalene cyclase와 fatty acid amide hydrolase를 포함하는 막단백질에서 보여지는 공통적인 특성이다[3, 4]. 이 통로의 역할은 구체적으로 밝혀지지 않았지만, 기질을 포함하는 리간드가 막결합도메인을 거쳐 유입되는 경우, 기존에 머물러 있던 물 분자가 배출될 수 있는 밸브로 예상해 볼 수 있다.

N-글라이코실화는 PGHS의 올바른 접힘과정에 필수적이다. 하지만 이 탄수화물 사슬의 구체적인 구조적 역할은 확실하지 않다. Asn144에 고정된 탄수화물은 이량체의 회전 축 주위를 감아 효소 외부에 '크라운' 을 형성하며, 중앙 용매 공간의 깊이를 증가시키게 된다. 하지만 이 탄수화물이 단위체 사이의 상호작용에 직접 참여하지는 않는다. MPO에서는 대조적으로 Asn317에 고정된 탄수화물 사슬이 단위체 간의 상호작용에서 쐐기와 유사한 역할로 이량체화에 관여한다.

막결합도메인은 4개의 친양쪽성 나선 A-D로 구성되며, 이들 나선은 COX 활성부위의 입구에 해당된다. 나선의 배향은 막평면에 누워있는 형상이며, 곁사슬이 이중 지질막의 반쪽에 삽입되어 소수성 '닻' 으로 작용한다[5]. 막단백질인 squalene cyclase와 fatty acid amide hydrolase도 유사한 방식으로 막과 결합한다. 막결합도메인 주위에서는 몇몇 β-octyl glucoside (β-OG)가 관찰된다. 단위체 당 4개의 β-OG의 극성 머리부분이 나선 A와 C가 이루는 평면 근처에 배치되어 있다. 또한 1개의 β-OG가 'lobby' 지역에서 관찰된다.[22] 이와 같은 위치화는 막 리피드가 COX 통로에 쉽게 접근할 수 있음을 의미한다. 리피드 분포를 통해 COX 통로의 길이를 따라 유전상수의 기울기를 예상할 수 있으며, 이는 수소결합과 염다리의 세기에 직접적인 영향을 미친다.

막결합도메인을 구성하는 잔기의 국지적 환경은 스핀표지와 EPR을 통해 분석되었다[6].[23] PGHS-2 Phe66과 Leu67은 리피드 이중층의 소수성 중앙에 삽입된 것으로 보인다. 두 잔기가 놓여있는 나선 A가 경계 부분에 위치하는 점은 막과의 접촉이 비교적 깊지 않음을 의미한다. Phe59, Tyr76, 그리고 Phe84는 단백질 표면에 위치하며 제한적 접근성을 보인다. 이들 방향

---

22) 통로 입구와 Arg120, Glu524, 그리고 Tyr355가 참여하는 수소결합 네트워크 사이에 형성되는 지역으로 막에서 약 10Å 떨어져 있음.

23) Cys 잔기를 nitroxide로 표지한 후, liposome에서 재구성할 때, 비극성(O_2) 및 극성(potassium (Tris(oxalato) chromate(Ⅲ), nickel ethylenediaminediacetic acid) 스핀 완화제에 대한 접근성을 측정함.

족 아미노산은 이중층의 코어에 삽입되기보다는 경계면에 분배되는 것을 선호하며, PGHS-2의 막결합을 촉진하는 역할이 예상된다[7]. 두 알칼리성 잔기인 Arg62와 Lys64는 PGHS-2 표면에 노출되어 있으며, 이들 곁사슬과 인지질의 머리부분은 이온결합을 형성하여 단백질의 막결합을 안정화 시킨다. PGHS-1에서도 나선 A는 나선 B나 C에 비해 COX 활성에 상대적으로 큰 영향을 미친다[8]. 나선 A와 C에 위치하는 몇몇 소수성 잔기들은[24] 막과의 결합보다는 촉매도메인과의 상호작용에 관여하며, 기질 유입을 위한 소수성 환경을 제공한다. PGHS-2에서 막결합에 중요한 모든 잔기들이 PGHS-1에서 발견되지는 않는다. 예를 들어 PGHS-2의 Phe59, Arg62, 그리고 Phe66이 PGHS-1에서는 각각 Ile/Leu, Trp, 그리고 Ser/Thr으로 치환되어 있다. 이와 같은 약한 보전성은 막과의 결합에서 이들 잔기가 구체적인 서열보다는 결합에 참여하는 방향족과 알칼리 아미노산의 비특이적 배합 특징을 나타내는 것으로 해서될 수 있다. 나선 A의 전체적 방향족성은 두 동종효소에서 보전된다.[25]

COX 활성부위는 막결합도메인에서 시작하여 효소의 중심부에 이르는 소수성 통로에 위치한다. 기질인 아라키돈산은 COX 활성부위에 확장된 L자형으로 결합한다. 기질의 C말단은 Arg120의 guanidinium 그룹과 상호작용을 하며, 이는 PGHS-1과의 결합에 결정요인으로 알려져 있다[9, 10]. R120Q 치환은 PGHS-1에서는 1,000배에 달하는 K_m의 증가를 가져오지만, 대조적으로 PGHS-2에서는 native와 비교하여 별다른 차이를 보이지 않는다. Arg120의 반대편에 위치하는 Tyr355는 기질이나 NSAID 저해제와의 결합에 참여하며, 그 역할은 리간드와의 결합에서 세부적 조율 관장이다[9]. NSAID에 대한 입체화학적 특성을 조절하거나, PGHS-1에서 아라키돈산의 음성적 알로스테리즘 효과에도 관여한다. Val349는 결합한 기질이 L자형으로 굽어지는 부분에 위치한다. 이 잔기는 선형적 아라키돈산이 고리형의 PGG_2로 전환하도록 최적배치화에 중요한 역할을 담당한다 [11]. V349A 치환으로 생성물 분포의 변화를 가져오며, 주요 생성물이 PGG_2에서 11R-HPETE로 바뀐다. 추가적인 V349 치환은 15R/S-HPETE 부산물 생성을 가져온다[12, 13]. V349L은 11-HPETE 대신에 15R/S-HPETE 형성을 증가시키며, V349I 치환은 생성물 C15에서의 입체화학 특성의 변화를 가져온다. Ser530은 aspirin에 의해 아세틸화되는 잔기로 아라키돈산의 C13과 긴밀한 상호작용을

24) Leu60, Leu65, Val74, Ile77, Ile78, Val87, 그리고 Val88

25) PGHS-2의 Phe59, Phe66와 PGHS-1에서의 Trp60, Trp62는 서로 상응하는 것으로 보임.

형성한다. 촉매작용의 중요잔기는 아니지만, C13에서의 수소추출과 C11에 산소첨가를 위한 아라키돈산의 위치최적화에 관여한다[14]. PGHS-1 Ser530의 아세틸화는 완전한 COX 활성 소실을 가져오지만, PGHS-2에서는 산소분자의 첨가가 native 경우의 반대편에서 일어나 주요 생성물이 15R-HPETE이 된다. 기질 결합포켓의 말단에 위치한 Gly533은 아라키돈산의 ω 말단의 두 탄소와 접해있다. Gly533 치환으로 기질 전환율은 현저하게 감소한다[13, 15]. 기질의 ω-말단 위치변경으로 C13 위치가 수소추출에 용이한 거리에서 벗어난다.

POX 활성부위는 나선 2,5,8, 그리고 11/12에 의해 정의된 홈에 위치하며, 다른 peroxidase에 비해 상대적으로 용매에 노출되어 있다. 나선 8과 11/12는 역평행이며, POX 활성부위의 한쪽 면을 구성한다. 다른 한쪽은 나선 2가, 바닥면은 나선 5가 담당한다. POX 홈의 양쪽 끝은 잔기 210-222, 394-408로 구성된 각각의 루프에 의해 막혀 있다. Heme의 근위 면은 나선 8과 11/12가 배치되어 있다. POX 활성부위의 His388 잔기는 heme의 근위 리간드로 ε-질소는 철(Ⅲ)와 수소결합을 형성하며, δ-질소는 물 분자와 Tyr504 잔기를 포함하는 수소결합 네트워크에 참여한다. PGHS-2에서도 유사한 배열이 관측되지만 근위 물 분자의 존재는 확실하지 않다. 다른 peroxidase에서 근위 His 잔기는 Asp/ Asn과 이온결합 또는 강한 수소결합을 형성한다. 원위 heme 쪽에는 His207 잔기가 peroxide 기질의 탈수소이온화와 alkyloxide 이온의 수소이온화에 중요한 촉매역할을 담당한다. Gln203 잔기의 촉매작용에서의 역할은 논쟁이 되고 있다. His388, His207, 그리고 Gln207의 치환은 POX 활성의 감소나 소실을 가져온다. POX 활성부위에서는 저온보호제로 사용되는 glycerol이 Gln203과 His207 사이에서 관찰된다[16]. 이 두 잔기는 POX 활성에 중요한 역할을 하며, 나선 2에 위치한다. Glycerol C1 수산기의 산소는 heme 철(Ⅲ)에서 3.1Å 거리에 위치한다. Heme의 제6 리간드로 보기에는 거리상으로 멀지만, 물 분자의 리간드화를 차단하기에는 충분하다. C1 수산기는 Gln203, His207과 약한 수소결합을 형성한다. POX 활성부위에 매복되어 있는 물 분자는 His207, glycerol C3 수산기와 수소결합 거리에 있다. C2 수산기는 용매에 노출되어 있으며 특정한 상호작용은 관찰되지 않는다. Glycerol의 골격은 Val291, Leu294와 van der Waals 접촉거리에 위치한다.

His388

Heme 의존성 peroxidase에서는 근위 His와 heme 금속이온과의 배위가 잘 보전되어 있으며, 이는 낮은 환원전위를 유지하는 데 기여한다[17]. 또한 낮은 환원전위를 통해 peroxidase 사이클에서 발생되는 높은 산화상태가 안정화된다. PGHS-1의 heme 금속이온과 His와의 결합거리는 2.35 - 2.41 Å로 다른 peroxidase보다 길다. 대부분의 peroxidase 경우 평균거리가 2.0 Å 수준이며, dehaloperoxidase가 PGHS-1과 비슷하다[18].[26] 이 결합거리는 heme의 환원전위와 상관관계가 있지만, horseradish peroxidase와 myeloperoxidase는 이 상관관계에서 벗어난다. PGHS에서도 glycerol 존재 시 환원전위는 −167mV에서 −52mV로 증가된다[19]. 이는 결합 세기가 heme의 원위 쪽의 환경에 영향을 받음을 암시한다. His388의 곁사슬 imidazole 리간드는 heme 평면과 수직에서 상당히 기울어져 있다[20].[27] 이와 같은 배향으로 두 그룹 사이의 결합력은 수직인 경우에 비해 상대적으로 약화될 것으로 보인다.

PGHS의 두 활성은 밀접한 관계를 형성한다[21, 22]. POX의 활성부위에 있는 heme 그룹은 기질인 PGG_2에 의해 산화되어 Compound Ⅰ으로 전환된다. 전환된 Compound Ⅰ 내부 구조는 oxoferryl 그룹과 heme 라디칼 양이온이며, 단전자 환원과정을 거쳐 Compound Ⅱ나 Intermediate Ⅱ로 바뀐다[23]. 환원과정에 외래 전자 공여자를 사용하는 경우 전형적인 peroxidase 중간체인 Compound Ⅱ를 형성하며, 대체적으로 Tyr385가 내부 전자 공여자이면 tyrosyl 라디칼과 oxyferryl heme으로 구성된 Intermediate Ⅱ가 생성된다. 이때 생성된 Intermediate Ⅱ는 COX 활성의 개시자로 작용하여 기질인 아라키돈산의 13proS 수소를 추출한다. 따라서 COX 활성은 POX 활성을 필요로 하지만, POX 활성 자체는 COX에 비의존적이다. COX의 POX 활성화는 대부분 peroxidase의 구조적, 동력학적, 그리고 분광학적 특성을 공유하며, 특히 구조적으로 myeloperoxidase와 유사하다[5].

His388은 heme 철과 결합하는 근위 His, His207은 원위 His, 그리고 Gln203은 다른 peroxidase에서 촉매적 역할의 원위 Arg 위치에 놓여있다. Peroxidase 촉매반응을 설명하는 'push-pull' 메커니즘에 따르면, 이 잔기들은 peroxide 기질의 산소-산소 결합의 비균등 분열

26) Dehaloperoxidase의 철이온-His 거리는 2.31-2.39 Å임.

27) PGHS 경우, 약 20° 기울어져 있으며, ascorbate peroxidase는 16.2° 임.

을 촉진한다[24]. 원위 His는 일반 염기로 작용하여 기질의 탈수소이온 과정을 촉진하여 Fe(Ⅲ)-OOR를 생성하고 다시 산으로 작용하여 hydroperoxide의 말단 산소원자의 수소이온화 과정을 돕는다. 이와 같은 역할은 메커니즘의 'push' 단계에 해당한다. 동시에 근위 포켓에서는 근위 His이 주위 잔기와 수소결합을 통해 음이온적 특성이 부여되고, 추가적으로 근위 His이 근위 나선의 C말단에 위치함으로써 친핵성 성질이 증가하여 메커니즘의 나머지 절반인 'pull' 과정을 이루게 된다.

이와 같은 역할을 효과적으로 수행하기 위해 특별히 근위 리간드는 알칼리성을 가져야 한다. 내재적으로 phenolate나 cysteinate로 존재하거나, 이차 상호작용을 통해 histidinate 성향이 강화되기도 한다. 휴지상태 PGHS의 heme 주위환경은 6배위가 고-스핀 상태로 5배위가 고-스핀을 갖는 일반 식물 peroxidase와 차이를 보인다. 이 차이는 COX의 근위 리간드가 알칼리성보다는 중성에 가까움을 암시한다. 철-근위 histidine 결합력의 감소로 철은 heme 평면상 (in-plane)에 위치하고 원위 쪽에 물 분자가 존재하여 6배위가 고-스핀 구조를 가진다. 역으로, horseradish peroxidase나 cytochrome c peroxidase에 보이는 강력한 철-근위 리간드 결합 환경에서는 철은 평면 밖 (out of plane) 상태로 원위 리간드와의 접촉이 멀어져 6배위가보다는 5배위가를 선호하게 된다.

PGHS-1 결정구조에서 근위 His은 물 분자를 매개로 인접한 Tyr과 수소결합을 하고 있다. 이 His388-물-Tyr504 상호작용은 식물효소의 His/Asp 상호작용에 대응되며, His388잔기의 알칼리도는 상대적으로 현저히 약화된다. 수소결합에 참여하는 Tyr504를 Ala로 치환했을 때, COX와 POX 활성이 현저한 감소를 보이지 않는다. 이는 일반 식물 peroxidase와 달리 COX에서는 근위 histidine의 알칼리성이 효소의 활성에 필수요소가 아님을 의미한다.

Heme 단백질 경우, His의 Tyr으로의 치환은 단백질 기능에 많은 영향을 준다. Hemoglobin에서는 철(Ⅱ) 산화상태의 불안정으로 산소분자 결합능력이 소실되며[25], heme oxygenase는 heme 그룹이 단백질로부터 해리되어 효소가 불활성화된다[26]. PGHS-2는 이 치환으로 COX와 POX 활성에 영향을 받는다[19]. COX 활성은 그다지 감소하지 않으며 생성물 프로파일에서도 변화가 없지만, POX 활성은 소실되지는 않지만 현저한 감소를 경험한다. POX 활성에 대한 영향은 heme 그룹의 전자효과뿐만 아니라 입체적 제한에서 비롯되는 점도 상당하다. 여러 POX 기질에 대한 반응성 순서는 native와 차이가 없이 지방산

hydroperoxide를 선호한다. 첨가된 hydroperoxide가 손상된 COX 활성 복원에 기여하는 점은 heme 철의 환원(Ⅲ → Ⅱ) 가능성이 매우 낮은 것을 암시한다. 이는 반응 메커니즘에 시사하는 바도 크다. Branched chain 라디칼 메커니즘은 heme과 무관하게 매 전환마다 Tyr385가 재산화되어 라디칼이 형성되고 커플링은 최소화된다. 반대로 tightly coupled 메커니즘은 heme 의존적 재활성이 사이클마다 일어나야 한다. H388Y의 전환은 hydroxyprostagnadin보다 hydroperoxyprostaglandin을 대부분 생성하며 이 과정은 POX 환원 기질의 존재 여부에 상관없다. 즉 peroxide나 peroxidase 활성은 COX 전환에 아주 작은 부분만 기여함을 나타낸다. 외부에서 공급된 peroxide가 COX 활성개시 단계에서 보여주는 지체기를 현저하게 감소시키는 점도 POX활성 역할이 COX활성 개시에 있음을 뒷받침한다.

His386

PGHS는 Met379에서 Leu390에 이르는 α-나선이 부분적으로 확장되어 있다[5, 27, 28]. His386과 Trp387의 Ramachandran ψ와 φ 각도는 정상적인 α-나선 경우에서 벗어나 있다. 380에서 389에 이르는 잔기는 대부분 잘 보전되어 있으며, 유일하게 383 위치에는 다양한 아미노산이 나타난다. 확장형 나선은 heme의 근위 측에 위치하고 있으며, 그 중 Tyr385와 His388는 COX와 POX 활성에 각각 주요 역할을 담당한다[29, 30]. 이 확장형 나선에 존재하는 주요 상호작용으로 Asn382와 Gln383의 peptide 골격의 carbonyl기와 His386의 N-δ가 포함되는 강력한 수소결합을 들 수 있고, α-나선/쌍극자 상호작용에 의해 추가적으로 안정화된다. His imidazole 고리의 안정성은 주변환경에 민감하다. Heme 그룹의 철(Ⅲ)과 공유결합을 형성하는 His388 경우 imidazole 고리 위치의 변이는 관찰되지 않으며, His207에서는 어느 정도 회전, 효소 표면에 위치한 His134는 자유로운 이동성을 나타내는 변이가 관찰된다.[28] His386의 imidazole 고리 역시 His388과 같이 고정되어 있으며, 골격-곁사슬 수소결합의 기여로 α-나선 배열이 안정화된다. POX 활성부위에서는 이와 같은 확장된 나선 배열을 통해 His388과 철(Ⅲ), 그리고 Asn382와 heme D-고리의 carboxyl 그룹이 적절한 상호작용을 형성하여 생산적인 모드를 유지한다. Heme 결합의 안정화는 다른 peroxidase와 달리 PGHS에

28) 측정에 철-His388 N-ε2 결합과 곁사슬 Cβ-imidazole Cγ 결합 사이의 이면각을 사용함.

서 특히 중요하다. His388 주변에 산성 아미노산의 부재가 원인이 되어 heme 철(Ⅲ)과 중성적 His388은 비교적 약한 상호작용을 보여준다. His388의 N-δ는 물 분자와 약한 수소결합을 한다. 이와 같은 약한 결합을 보완하기 위해, Thr212의 골격 N과 곁사슬의 O는 D-고리의 propionate의 carboxylate 산소와 수소결합을 형성하며, Asn382와 더불어 heme 결합 안정화에 기여한다.

His386은 확장형 나선에 위치하며, H386A와 H386Q 치환은 COX 활성에는 영향을 주지 않지만, POX 활성은 소실된다[31]. 이와 같은 사실은 'branched chain' 라디칼 반응 메커니즘과 일치하지 않는다. 왜냐하면 이 메커니즘에 따르면 COX 활성 개시를 위해 peroxide가 heme 그룹을 산화하고, 이어 Tyr385의 페놀 수산기가 산화해야 되기 때문이다. 시간의존적 PGHS 저해제인 flurbiprofen의 사전처리로 POX 활성은 native와 비교하여 30% 수준까지 복원된다[32]. Flurbiprofen은 native PGHS의 COX 활성부위에 결합하여 COX 활성을 저해하지만, POX 활성에는 아무런 영향을 미치지 않는다. 이와 같은 현상은 확장형 나선의 구조적 변화로 설명이 가능하다[33]. His386을 치환한 돌연변이 효소 경우, 확장형 나선의 완벽성은 부분적인 손상을 경험하게 되고, 이는 heme을 포함하는 POX 활성부위의 불안정성으로 이어진다. PGHS 저해제인 flurbiprofen의 결합이 예상치 않은 POX 활성의 복원을 가져오는 이유는 확장형 나선에서 손상된 결합모드가 거의 원래 상태로 환원되기 때문인 것으로 보인다. COX 활성부위에 아라키돈산의 결합 역시 H386A의 POX 활성의 부분적 복원에 기여하지만 LA는 아무런 영향을 주지 못하는 것도 효소/기질 결합의 입체 형태 차이에 기인하기 때문이다[15, 34]. COX 활성통로 내부에는 확장형 나선과 Gly526과 Ser530을 포함하는 나선 사이에 공간이 긴축되어 있다. 아라키돈산은 Gly526과 4개의 접촉이 있는 반면, LA는 1개에 불과하다. 아라키돈산의 C8부터 C13은 이 긴축된 공간에 압착되어 나선과 접촉을 이루며, 이는 PGHS 저해제가 결합하여 H386A의 활성을 복원시키는 것과 유사한 작용을 한다. 상대적으로 크기가 작은 LA는 공간점유율의 줄어들어 아라키돈산 경우와 같은 접촉이 어렵다. 또 다른 20개 탄소의 EPA가 정도 차이는 있지만 아라키돈산과 유사한 양상을, 그리고 α-linolenic acid가 POX 활성 복원기능이 없음은 이 확장형 나선의 중요성을 뒷받침한다.

Gln203과 His207

Peroxidase 효소반응에서 Compound Ⅰ의 형성과정은 cytochrome c peroxidase와 horseradish peroxidase의 연구를 통해 자세히 밝혀졌다[35-37]. 기질인 H_2O_2의 활성화 과정은 Poulos-Kraut 모델로 대변된다[38]. 이 모델에서 원위 heme 포켓에 위치한 His는 H_2O_2의 탈수소이온화에 의해 철-peroxide 복합체 형성과 말단산소의 수소이온화를 통해 산소-산소 결합의 분균일 분열을 돕는다. 이 분열은 보전된 원위 Arg가 철-결합 H_2O_2와 수소결합을 형성하여 촉진된다. His와 Arg 두 잔기는 모든 식물 peroxidase에서 잘 보전되어 있는 반면, PGHS에서는 His는 보전되어 있지만 Arg 위치에 Gln이 존재한다. CO가 첨가된 PGHS의 분광학적 분석에서는 철-결합 CO와 주변 잔기 사이에 수소결합의 부재를 암시한다[39]. PGHS 결정구조에서도 Gln의 곁사슬 amide 그룹은 heme 철에서 멀리 떨어져 있는 것으로 나타난다.[29] 이와 같은 관찰은 PGHS의 Gln203이 식물 peroxidase의 Arg와 동일한 역할을 할 것이라는 예상에 의구심을 갖게 한다.

Q203N과 Q203V 돌연변이 효소에서는 native 효소에 비해 POX활성이 오히려 증가하여, 기질 15-HPETE이 heme-철에 쉽게 접근하고, 산소-산소 결합 분열도 Gln203의 치환으로 가속화 된다[40]. Q203N의 경우, heme과의 수소결합보다는 곁사슬의 부피 감소로 heme으로의 접근성이 증가된 것으로 보이며, Q203V는 Gln과 Val이 거의 비슷한 부피인 것을 감안할 때, 접근적 요소보다는 15-HPETE 기질과의 소수성 상호작용의 증가가 결과적으로 POX 활성의 증가를 가져온 것으로 보인다. Q203R은 오히려 POX 활성의 저하를 보이며 큰 부피가 오히려 POX 활성에 방해요인으로 작용할 가능성이 있으며, 기저상태에서 heme 철이 물 분자와 결합할 수 없는 점은 크기적 요인의 중요성을 뒷받침한다.

PGHS-2의 효소 분석에서는 Gln203 amide 그룹을 제거해도 PGHS-2의 산화 활성에 별다른 변화를 가져오지 않으며, POX 반응은 Gln203의 amide 그룹을 필요하지 않는 것으로 나타난다. Gln203 돌언변이의 공명 Raman 스펙트럼에시도 이와 같은 관찰을 뒷받침한다. Q203N과 Q203V 돌연변이 효소의 휴지상태 공명 Raman 스펙트럼은 native 효소와 동일하

29) Heme 철과 Gln203 곁사슬 amide 사이 거리는 6.26 Å, HRP 경우 Arg 잔기의 guanidinium 그룹은 4.61 Å 떨어져 있음.

게 5cHS와 물이 결합된 6cHS의 혼합형태이다.[30)] 이는 Gln203의 amide 그룹이 heme 리간드와 거의 결합하고 있지 않으며 heme 주위 환경에 미치는 영향이 거의 없음을 말해 준다. CO가 결합된 native PGHS-2는 496cm^{-1}에서 단일 $\nu_{Fe\text{-}C}$ 밴드를 나타내지만, HRP에서는 516cm^{-1}와 539cm^{-1}에서 특징적인 두 Fe-C stretching mode를 보여준다[41]. 516cm^{-1}에서의 $\nu_{Fe\text{-}C}$는 heme 철에 결합된 CO가 HRP His42와 수소결합을 하고 있는 conformer를 대변하며, 539cm^{-1}에서의 $\nu_{Fe\text{-}C}$는 Arg38과의 수소결합을 포함하는 conformer를 나타낸다. His를 Leu로 치환한 myoglobin에서는 500cm^{-1} 이하의 $\nu_{Fe\text{-}C}$가 관찰되며, 이는 CO와 잔기 사이에 상호작용이 존재하지 않음을 나타낸다[42]. 따라서 PGHS-2에서 보이는 밴드 (496cm^{-1})는 myoglobin 돌연변이 경우에 해당되는 것으로 보여진다. 대조적으로 Q203R은 5cHS로의 완전한 전환을 보여주며, 이는 철에 결합된 물 분자가 heme에서 벗어나 있음을 의미한다. PGHS-2 Gln203의 Cδ는 heme 철에서 4.98Å 떨어져 있으며[27], HRP에서 Arg38의 Cδ는 heme 철에서 4.92Å 떨어져 있다[43]. Q203R 치환은 곁사슬 부피의 증가를 가져오고, 이는 공간적 방해로 작용하여 물 분자가 heme으로 접근하는 것을 억제하게 된다. 유사한 예로 myoglobin H64Y 치환은 물 분자의 배위결합을 방해한다.[31)] Gln203이 산소-산소 결합의 비균일 분열에 도움을 주지 못하지만 PGHS-2의 15-HPETE 기질에 대한 활성도는 높다[19]. 15-HPETE에 대한 K_m은 hydrogen peroxide의 1/100 수준이며 k_{cat}은 100배 이상이다. 이와 같은 높은 선호도는 alkyl peroxide 기질 결합에 유리한 heme의 주위 환경에서 비롯되는 것으로 보인다.

원위 His의 치환 (H207A)은 POX 활성의 현저한 감소를 가져온다[44]. 이 His의 imidazole은 수소이온의 제공 및 추출를 통해 hydroperoxide의 불균일 분열을 지원한다. 이 돌연변이 효소의 주요 생성물은 15-KETE와 epoxyalcohol로 2전자 환원보다는 1전자 환원과정을 거친다. 고농도의 2-methylimidazole 첨가로 2전자 환원은 복원되어, 돌연변이 효소에서 보이는 COX 촉매의 지체기를 줄일 수 있다. 15-KETE의 형성은 기질인 15-HPETE가 Compound Ⅰ에 의해 산화되어 peroxyl 라디칼이 형성되고, 이어 alkoxyl 라디칼로 전환됨을

---

30) 5cHS는 five-coordinate high spin, 6cHS는 six-coordinate high spin 상태임.

31) His64는 heme 철에서 4.6Å 떨어져 있음.

의미한다. 15-HPETE이 Compound Ⅰ의 환원제인 guaiacol이나 ABTS[32]와 효과적인 경쟁을 할 수 있다는 것이 특이적이다. 이는 PGHS에 대한 지방산 hydroperoxide 기질의 높은 친화력에 기인한다. Peroxidase 공기질의 K_m 수치는 150-2,000μM이지만, 대부분의 지방산 hydroperoxide K_m 수치는 5-20μM 수준이다[45, 46].

Val291과 Leu294

다양한 peroxide가 PGHS POX 활성의 기질로 작용할 수 있다. 그 중 COX 활성으로 형성된 PGG_2가 자연적 기질로 간주되며, *in vivo* 상에서 COX 활성개시를 위한 peroxide의 정체는 아직 확실하지 않다. PGHS-1은 H_2O_2나 부피가 큰 *t* butyl hydroperoxide보다는 1차- 그리고 2차- alkyl hydroperoxide를 기질로 선호하며, 이에 대한 분자적 접근은 미미하다. PGHS POX 활성부위의 결정구조에서는 heme 그룹의 원위 표면이 용매에 충분히 노출되어 크고 선형적인 hydroperoxide를 수용할 수 있음을 보여준다[5]. 원위 표면의 상단에는 주로 소수성 잔기로 구성된 천장이 존재하고, MD[33] 보델링을 통해 alkyl hydroperoxide의 알킬 사슬이 이들 잔기와 소수성 상호작용 가능 위치에 있음을 제시하고 있다.

Heme 평면에 있는 고-스핀 상태의 철은 제5 리간드인 His388과 공유결합을 형성하고, 물 분자는 제6 리간드 위치에 있다. PGHS heme의 원위 위치에 형성되는 소수성 천장은 Leu, Val, 그리고 Phe 잔기의 곁사슬로 구성된다. 이들 잔기의 Ala로의 치환은 15-HPETE에 대한 POX 활성의 변화를 가져오지만 특징적인 패턴이 발견되지는 않는다[47]. L294G와 L294S 돌연변이는 7-9배의 k_{cat} 증가 효과를 보여준다. 반면에 산성 잔기로의 치환에서는 촉매효율의 현저한 감소로 k_{cat}은 native와 비교하여 약 2% 수준이다. Val291, Leu294, 그리고 Leu295 잔기의 치환은 15-HPETE로부터 Compound Ⅰ 형성과정의 속도상수에 별다른 영향을 미치지 않는다. 이러한 미미한 효과는 오히려 산화된 heme 중간체가 공기질인 guaiacol에 의한 환원속도의 차이로 간주될 수도 있다. Mn^{3+}-PPIX로 치환된 PGHS-1에서는 Fe^{3+}-PPIX인 경우와 비교하여 약 5%의 POX 활성을 보이며, Leu294의 치환 효과는 관찰되지 않는다.

---

32) 2,2′-azino-di-(3-ethylbenzothiazoline)-6-sulfonic acid

33) Molecular dynamics

소수성 천장의 역할이 크지 않은 경우, 또 다른 가능성은 hydroperoxide 자체가 내재적으로 지닌 산소-산소 비균일 분열에 대한 반응성의 차이를 고려해 볼 수 있다. 하지만 다양한 hydroperoxide의 결합해리에너지는 거의 같은 수준을 보인다.[34] 15-HPETE와 PGG_2의 Compound I 형성속도가 차이가 없는 것으로 보아 PGG_2의 endoperoxide 그룹과 POX 활성부위와의 상호작용은 POX 촉매와는 무관한 것이 예상된다. 하지만 15-HPETE의 Compound I 형성속도가 H_2O_2보다는 수백 배, EtOOH보다는 수십 배 빠른 점으로 보아 hydroperoxide의 알킬 사슬이 결합의 중요 결정 부분이며 소수성 천장과의 상호작용과 더불어 protoporphyrin IX 그룹과의 상호작용도 부분적으로 관여하는 것으로 보인다[48, 49].

Asn382와 Thr383

두 PGHS 동종효소가 동일한 세포에 존재하는 경우에도 두 동종효소의 활성은 분리적인 조절이 가능하다. PGHS-2에 의한 prostanoid 생성은 폭발적이다. 세포 내의 peroxide 수준을 glutathione peroxidase나 비효소적 peroxide scavenger로 감소시키면 PGHS-2의 활성이 줄어들며, 반대로 glutathione을 고갈시키는 화합물의 첨가는 PGHS-2 활성 증가로 이어진다[50, 51]. 따라서 PGHS-1의 활성을 잠재적 상태로 유지시키는 peroxide 농도에서 PGHS-2의 활성은 조절될 수 있다.[35] 섬유아세포에서 PGHS-1의 COX 촉매반응은 PGHS-2보다 느리게 가속화 되며, peroxide를 생성하는 물질의 첨가로 COX 촉매반응은 증가한다. 세포 내 peroxide 수준은 세포질 glutathione peroxidase(cGPx)를 포함한 다양한 glutathione peroxidase에 의해 조절된다[52]. 이와 같은 사실은 PGHS-1과 PGHS-2 촉매반응의 차별적 조절이 peroxide의 수준에 의한 COX 활성화의 효율로 가능함을 보여준다.

PGHS-2의 효율적인 COX 활성화의 속도반응론적 근거는 Tyr385 라디칼의 빠른 형성과

---

34) H_2O_2, methyl hydroperoxide, etheyl hydroperoxide, 그리고 2-hydroperoxyl-3-*trans*-pentene의 결합해리에너지는 각각 374, 374, 370, 그리고 364 kcal/mol임.

35) huPGHS-1의 경우 COX의 초기 개시활성의 50% 억제를 위한 hydroperoxde 양 (K_p)이 2.3 nM인데 반해, ovPGHS-1와 huPGHS-1에서는 그 수준이 각각 21, 16 nM임.

36) k_2, Tyr385에서 산화된 heme으로 전자전달을 포함하는 분자내 산화환원반응; k_6, Tyr385 라디칼과 환원공기질 사이의 분자간 반응

성화를 설명해 준다. PGHS-2의 잔기 383는 어류에서 인간에 이르기까지 공통적으로 Thr이다. 하지만 PGHS-1에서는 His 또는 Gln이 보인다. PGHS-2의 T383H, T383D 치환은 PGHS-1에서와 유사한 COX 활성화 효율의 감소를 가져온다. Thr383 치환은 COX 불활성화 과정 (k_7)에 영향을 주지는 않는다. PGHS-2의 반응속도론 시뮬레이션에서 k_2나 k_6의 변화는 다른 반응속도론적 특성의 변화 없이 COX 활성화 효율의 감소가 가능함을 보여준다. 즉 k_2의 감소나 k_6의 증가는 COX 반응속도나 반응 정도의 변화 없이, cGPx의 저해에 대한 COX 활성의 저항성 감소를 가져온다. 이는 Thr383 치환에서 관찰된 현상과 일치한다. Thr383의 치환은 이 전달과정에 직접적으로 혹은 간접적으로 영향을 주는 것으로 보인다. 곁사슬 구조의 변화로 Tyr385로부터 골격을 따라서 Asn382를 거쳐 heme에 도달하는 전자전달 속도가 느려지는 것을 예상해 볼 수 있다. 하지만 Asn382 곁사슬의 구조 변화는 Tyr385 라디칼 형성에 별다른 효과를 나타내지 않는다[53]. k_6 단계는 Tyr385 라디칼과 환원 공기질 사이의 이분자 반응으로 POX 촉매사이클의 일부분이다. Thr383 치환에서 증가된 POX 활성은 k_6의 증가와 일치한다.

다른 두 PGHS-2 돌연변이인 H207A와 H388Y에서도 COX 반응속도론에서 지체기의 증가로 대변되는 COX 활성화 효율이 감소한다[44]. 이 경우에는 POX 활성 역시 매우 감소한다. Peroxide와의 초기반응 (k_1)의 손상이 COX 활성화 효율의 직접적인 책임이 있다. 하지만 Thr383 치환에서는 오히려 native보다 POX 활성이 높아 k_1 이외의 단계가 관여하는 것으로 보인다. Peroxide에 의한 COX 활성화는 COX 반응속도 자체의 저하에 의해 손상될 수 있으며, 아라키돈산 대신에 EPA가 기질인 경우가 해당된다. Thr383 치환은 COX 고유활동도, 아라키돈산에 대한 K_m, 그리고 생성물 분포에 거의 영향을 주지 않는다. PGHS-2 결정구조에서 Thr383의 곁사슬과 결합된 아라키돈산과의 접촉은 관찰되지 않으며[54], 이는 K_m에 대한 미미한 효과를 대변한다. 따라서 Thr383 치환은 COX나 POX 활성에 별다른 영향을 주지 않지만 peroxide에 의한 COX 활성의 조절에는 상당한 변화를 초래한다.

Thr383에 이웃하는 Asn382는 두 동종효소에서 동일하다. cGPx에 대한 감수성에 대해 Asn382 치환은 별다른 효과를 나타내지 않는다. 이는 Tyr385에서 heme으로의 전자전달과정이 385-382 잔기의 골격과 382 잔기의 곁사슬을 경유할 것이라는 예상과 배치되는 점으로 볼 수 있다. 오히려 Asn382 치환으로 전체적인 COX 촉매 용량이 배가되는 결과를 나타낸다. 이

수 있다. 오히려 Asn382 치환으로 전체적인 COX 촉매 용량이 배가되는 결과를 나타낸다. 이는 Asn382 잔기의 곁사슬 구조가 자가불활성화 기전에 상당한 영향을 주는 것으로 이해될 수 있다. COX 불활성화의 분자적 기전은 확실하지 않지만, heme 그룹의 공유적 손상이나 지방산 대사물의 공유적 부착이 원인으로 간주되지는 않는다. 하지만 환원물질의 존재로 COX 불활성화 이전에 촉매 회전수가 증가하는 점에 비추어 COX 불활성화는 POX나 COX 활성부위의 산화적 손상을 포함하는 것으로 보인다. PGHS의 두 촉매활성의 불활성화는 특정조건에서 분리된 상태로 분석이 가능하다. 예를 들어 환원물질 없이 peroxide로만 반응이 시작되면 POX 불활성화는 Intermediate Ⅱ에서 비롯된다. 동일조건에서 COX 불활성화 속도는 POX 경우와 거의 비슷하다. 이는 COX 활성이 COX와 POX 활성부위의 손상에 모두 취약함을 암시한다. 다량의 아라키돈산이 존재하는 경우, COX 활성이 완전히 불활성화되어도 POX 활성은 대부분 잔존하는 사실은 COX 활성부위의 손상이 POX 활성부위 손상과 무관하게 발생할 수 있음을 보여준다. Asn382 치환은 COX 활성 가속화에 별다른 변화 없이 COX 자가 불활성화 속도의 현저한 감소를 가져온다. COX 자가 불활성화의 감소는 Asn382 치환 이외에도 관찰된다. PGHS-1 H386A나 PGHS-2 H207A, H388Y 돌연변이가 해당되지만, 이 돌연변이 효소는 POX 활성의 현저한 감소와 peroxide에 의한 COX 활성화의 손상을 동반한다[19, 44, 55].

Arg120

Arg120은 PGHS cyclooxygenase 활성 부위를 이루는 소수성 통로의 입구에 존재한다. PGHS-1의 경우 Arg120의 guanidinium 그룹과 아라키돈산의 carboxylate 그룹 사이에는 이온결합이 존재하며, 이 결합은 flurbiprofen을 비롯한 다른 NSAID 저해제의 carboxylate 그룹과도 형성되어 결합친화력의 결정요인으로 작용한다. PGHS-1 R120Q 돌연변이는 아라키돈산에 대한 K_m, flurbiprofen에 대한 IC_{50} 수치가 native보다 10^3배 증가하며, 이는 소수성 통로에 존재하는 다른 잔기들의 치환이 10배 내외의 K_m 수치변화인 것과는 상당히 대조적이다[9]. PGHS-2 효소의 Arg120이 Gln으로 치환된 경우, PGHS-1과는 달리 반응속도론적 특성에 별다른 차이를 보이지 않는다. 다시 말해, 속도 상수나 생성물 패턴이 native와 유사하다. R120L에서는 기질인 아라키돈산의 산소첨가반응이 비효율적으로 일어난다[10]. 이는 두 동종효소가 다른 결합양식을 보이는 것으로 해석될 수 있다. PGHS-1에서는 두 그룹(guanidinium과 carboxylate) 사이에 이온결합이 존재하지만, PGHS-2는 이온결합보다는 거리상으로 수소결합적 성격을 갖는 것으로 보인다. Gln으로 치환된 경우에도 곁사슬의 amide 그룹이 수소결합에 참여할 수 있지만, Leu에서는 소수성 곁사슬이 이를 불가능하게 한다. 두 동종효소의 아라키돈산에 대한 결합력이 차이가 없다는 점은 PGHS-2에서는 PGHS-1의 이온결합을 보충하는 추가 상호작용의 존재를 암시한다.

PGHS-1과 PGHS-2의 결정구조의 비교를 통해, Arg120이 동종효소 특이적 양상을 보이는 단서에 해당되는 것으로 다음을 들 수 있다. Arg120 주위는 두 동종효소 모두 소수성 환경을 띠지만, PGHS-2에서는 추가로 Glu524, Arg513과 함께 Arg120이 확장된 정전기적/수소결합적 네트워크를 형성하는 것이 발견된다[27, 28]. 이 네트워크는 아라키돈산이 cyclooxygenase의 활성부위에 결합하는 경우 기질의 carboxylate 그룹에까지 확장될 수 있다. 하지만 PGHS-1에서는 Arg513 위치에 His513의 존재로 Glu524와의 거리가 멀리 떨어져 있어 이를 기대하기 어렵다. R120Q 돌연변이는 아라키돈산 이외에 dihomo-γ-linolenic acid와 linoleic acid의 산소첨가 반응도 효과적으로 수행하지만 eicosapeicosapentaen acid (EPA)인 경우는 K_m 수치의 현격한 증가, 11,14-eicosadienoic acid는 이 돌연변이에 의해 산소첨가 반응이 일어나지 않는다. R120Q와 아라키돈산와의 반응에서 EPA가 효과적인 저해제 역할을 하는 것으로 보아 Arg120는 EPA를 기질로 사용하는 경우 단순결합 역할보다는 촉매를 위한 기질의 적정위치화에 더 무게가 실린 것으로 추측된다. 두 동종효소에 대해 비특이적인 flurbiprofen을 저해제로 사용하는 경우, R120Q는 IC_{50} 수치가 500배 증가하고 더 이상 시간-의존적 저해 패턴을 보이지 않는다. 이는 flurbiprofen과 같이 2-phenylpropionic acid 군에 속하는 저해제와의 결합에서, PGHS-1과 마찬가지로 Arg120의 중요성을 대변해 준다.

PGHS-2 R120E 치환은 PGHS-1에 비해 저해제 결합에 미치는 효과가 훨씬 덜하다[56]. Carboxyl 그룹을 포함하는 indomethacin이나 flurbiprofen은 PGHS-1 R120E에 대해 저해성을 보이지 않는다. 하지만 PGHS-2 R120E에 대해서 flurbiprofen은 약한 저해성을, meclofenamic acid 와 diclofenac 는 native보다 약간 경감된 저해성을 나타낸다.[37)]Diclofenac과 meclofenamic acid의 carboxyl 그룹과 R120와의 이온결합이 저해제 결합에

37) 두 저해제의 native PGHS-2에 대한 IC_{50}는 3 nM, R120E에 대해서는 15-16 nM 수준임.

미치는 기여도가 미미함을 암시한다. 특히 diclofenac의 결합모드는 다른 저해제 NS-398, flurbiprofen, DuP697, 그리고 indomethacin과는 다른 양상을 보여준다[57, 58]. Diclofenac의 PGHS-2 결합은 Ser530의 아세틸화에 의해 차단된다. Indomethacin과 PGHS-2와의 결합구조에서는 저해제의 carboxyl 그룹과 Arg120의 염다리, 11개의 잔기가 참여하는 상호작용이 관찰된다. R120E에 대한 indomethacin의 저해효능이 native와 비교하여 48배 감소함은 carboxyl 그룹과 guanidinium 그룹 사이의 상호작용의 중요성을 대변한다. Indomethacin, flurbiprofen, 그리고 meclofenamate과 같은 저해제의 메틸화는 COX 활성 저해성을 변경시키지는 않지만, 이들 저해제의 시간-의존성의 상실을 가져온다.

NS-398, flosulide, 그리고 DuP697을 포함하는 대부분의 PGHS-2 선택적 저해제는 sulfonyl 그룹을 가진다[59]. Aryl methyl sulfonamide를 포함하는 약산성을 띠는 NS-398과 flosulide는 R120E 치환에 가장 많이 영향을 받는 저해제이다. Zomepirac과 PGHS-2의 결합구조에서도 sulfonamide 그룹의 질소와 산소 원자는 Arg120와 상호작용한다[28]. 이는 PGHS-1의 Arg120과 flurbiprofen의 carboxyl 그룹과의 상호작용과 매우 유사하다. 하지만 다른 PGHS-2 선택적 저해제의 sulfonyl 그룹과 Arg120의 상호작용은 보전성을 보이지 않는다. PGHS-2와 SC-558의 결합구조에서는 phenylsulfonamide 그룹이 COX 활성부위의 공간에 수용되어 이 그룹의 산소가 His91과 Arg513와 수소결합을 형성한다[27]. PGHS-2의 Arg513 위치에 PGHS-1에서는 His 잔기가 위치한다. Aryl methyl sulfone DuP697과 aryl sulfonamide L-746,483는 PGHS-2 native와 R120E에 대해 모두 강력한 저해제이다. 이들 저해제와의 결합에서는 Arg120 대신에 Arg513이 참여하는 것으로 예측된다. L-746,483의 유도체인 L-745,296은 sulfonamide 그룹이 cyano 그룹으로 치환되어 있으며, 약한 저해성을 보인다.[38] PGHS-2 선택적 저해제 결합에 대한 Arg120 잔기의 중요성은 sulfonyl 기를 포함하는 일부 저해제에 제한된 것으로 보인다.

Gly533

COX 촉매활성으로 비키랄성 분자는 5개의 키랄 중심을 갖는 생성물로 전환된다[60]. 특히

38) Native PGHS-2에 대한 IC_{50}는 8300 nM, R120E에 대해서는 1960 nM임.

알킬 곁사슬이 *trans*에 위치한 endoperoxide 고리 형성은 특기할만하다. 왜냐하면 아라키돈산의 자발적 산화에 의한 생성물은 이와 반대로 *cis* 입체화학을 나타낸다. 이를 위해서는 COX 활성부위가 *trans* 고리 형성을 촉진시키는 배열, 즉 뒤틀린 'L자' 형상을 갖도록 해야 한다. 이와 같은 배열에서 Arg120은 아라키돈산의 carboxyl 기, Tyr385는 13proS 수소와 인접하게 되고 ω말단은 Ser530 위쪽에 포진하게 된다. 기질의 골격은 COX 활성부위 정점으로 향하다가 C9/C10 단일결합에서 구부러지면서 전체적으로 L자 형상을 나타낸다. 이 L자 형상으로부터 PGG_2의 dioxobicycloheptane 고리가 만들어지고 고유한 입체화학이 유지된다. 다른 기질인 산소분자도 COX 활성부위 통로를 거쳐 아라키돈산 라디칼에 이르게 되는 데, 접근 방향은 13proS 수소의 반대쪽, 즉 'antarafacial' 위치가 되면서 PGG_2의 입체화학 특성을 마무리하게 된다.

아라키돈산 ω말단을 둘러싼 상부통로에 존재하는 Gly533의 돌연변이는 COX 활성의 현저한 감소 또는 완전소실을 유발한다[61]. Gly533 돌연변이 효소는 POX 활성을 그대로 유지하고 있는 점에 비추어, 이와 같은 COX 활성 소실이 단순한 단백질의 중요한 구조적 변화에 기인하는 것으로는 보이지 않는다. 기질의 구조, 특히 Tyr385의 tyrosyl 라디칼에 의해 추출되는 수소의 위치가 ω말단에서 얼마만큼 떨어져 있는지가 활성개시에 중요한 요소로 작용한다. Gly533 돌연변이 효소는 아라키돈산보다 탄소 수가 2개 적은 linoleic acid를 기질로 사용하지 않는다. 이는 linoleic acid의 추출수소 위치가 아라키돈산과 마찬가지로 ω-8이므로 Gly533에 추가한 부피가 큰 곁사슬 때문에 linoleic acid가 활성통로에서 적정위치를 가질 수 없기 때문이다. 동일한 이유로 linolenic acid나 stearidonic acid는 ω-5이므로 곁사슬 추가가 상쇄되어 적정위치를 갖게 된다. 추출수소 위치에서 carboxyl 그룹까지 거리는 상대적으로 PGHS-2 경우에 유연성을 보인다. PGHS-2는 C-11, C-13, 또는 C-14에 위치한 수소를 추출할 수 있으며, 활성통로의 하부 쪽이 상부 쪽보다 접근 가능한 공간이 넓고, C-11인 경우에는 선형 배열을, C-13과 C-14에서는 뒤틀린 구조가 가능하게 한다. 두 동종효소의 결정구조에서 Gly533 주위의 통로는 이량체 접촉면으로 향하는 통로와 연결되어 있으며, COX 활성부위에서 형성된 생성물의 출구일 가능성이 존재한다. 실지로 G533V과 G533L은 기질 아라키돈산에 대한 COX 활성을 나타내지 않는다. 생성된 PGG_2의 적체는 추가 기질의 결합을 방해하게 될 것이다. 이는 다른 기질 linolenic acid, stearidonic acid에도 같이 적용되어 이들 기질의 추가적인 생성을 차단해야 할 것이다. 하지만 Gly533 돌연변이는 탄소 개수 18인 기질에 대해 높은 활성을 보이는 점으로 보아 생성물의 출로가 통로 상부에서 직접 단백질 표면으로 향할 가능성은 희박하다.

참고문헌

1. Picot, D. and R.M. Garavito, *Prostaglandin H synthase: implications for membrane structure*. FEBS Lett, 1994. **346**(1): p. 21-5.
2. Otto, J.C., D.L. DeWitt, and W.L. Smith, *N-glycosylation of prostaglandin endoperoxide synthases-1 and -2 and their orientations in the endoplasmic reticulum*. J Biol Chem, 1993. **268**(24): p. 18234-42.
3. Wendt, K.U., K. Poralla, and G.E. *Schulz, Structure and function of a squalene cyclase*. Science, 1997. **277**(5333): p. 1811-5.
4. Bracey, M.H., et al., *Structural adaptations in a membrane enzyme that terminates endocannabinoid signaling*. Science, 2002. **298**(5599): p. 1793-6.
5. Picot, D., P.J. Loll, and R.M. Garavito, *The X-ray crystal structure of the membrane protein prostaglandin H2 synthase-1*. Nature, 1994. **367**(6460): p. 243-9.
6. MirAfzali, Z., et al., *Topography of the prostaglandin endoperoxide H2 synthase-2 in membranes*. J Biol Chem, 2006. **281**(38): p. 28354-64.
7. White, S.H. and W.C. Wimley, *Membrane protein folding and stability: physical principles*. Annu Rev Biophys Biomol Struct, 1999. **28**: p. 319-65.
8. *Spencer, A.G., et al., The membrane binding domains of prostaglandin endoperoxide H synthases 1 and 2. Peptide mapping and mutational analysis*. J Biol Chem, 1999. **274**(46): p. 32936-42.
9. Bhattacharyya, D.K., et al., *Involvement of arginine 120, glutamate 524, and tyrosine 355 in the binding of arachidonate and 2-phenylpropionic acid inhibitors to the cyclooxygenase active site of ovine prostaglandin endoperoxide H synthase-1*. J Biol

Chem, 1996. **271**(4): p. 2179-84.

10. Rieke, C.J., et al., *The role of arginine 120 of human prostaglandin endoperoxide H synthase-2 in the interaction with fatty acid substrates and inhibitors*. J Biol Chem, 1999. **274**(24): p. 17109-14.
11. Thuresson, E.D., K.M. Lakkides, and W.L. Smith, *Different catalytically competent arrangements of arachidonic acid within the cyclooxygenase active site of prostaglandin endoperoxide H synthase-1 lead to the formation of different oxygenated products*. J Biol Chem, 2000. **275**(12): p. 8501-7.
12. Schneider, C., et al., *Control of prostaglandin stereochemistry at the 15-carbon by cyclooxygenases-1 and -2. A critical role for serine 530 and valine 349*. J Biol Chem, 2002. **277**(1): p. 478-85.
13. Thuresson, E.D., et al., *Mutational and X-ray crystallographic analysis of the interaction of dihomo-gamma -linolenic acid with prostaglandin endoperoxide H synthases*. J Biol Chem, 2001. **276**(13): p. 10358-65.
14. Xiao, G., et al., *Analysis of hydroperoxide-induced tyrosyl radicals and lipoxygenase activity in aspirin-treated human prostaglandin H synthase-2*. Biochemistry, 1997. **36**(7): p. 1836-45.
15. Malkowski, M.G., et al., *Structure of eicosapentaenoic and linoleic acids in the cyclooxygenase site of prostaglandin endoperoxide H synthase-1*. J Biol Chem, 2001. **276**(40): p. 37547-55.
16. Gupta, K., et al., *The 2.0 A resolution crystal structure of prostaglandin H2 synthase-1: structural insights into an unusual peroxidase*. J Mol Biol, 2004. **335**(2): p. 503-18.
17. Banci, L., *Structural properties of peroxidases*. J Biotechnol, 1997. **53**(2-3): p. 253-63.
18. LaCount, M.W., et al., *The crystal structure and amino acid sequence of dehaloperoxidase from Amphitrite ornata indicate common ancestry with globins*. J Biol Chem, 2000. **275**(25): p. 18712-6.

19. Goodwin, D.C., S.W. Rowlinson, and L.J. Marnett, *Substitution of tyrosine for the proximal histidine ligand to the heme of prostaglandin endoperoxide synthase 2: implications for the mechanism of cyclooxygenase activation and catalysis*. Biochemistry, 2000. **39**(18): p. 5422-32.

20. Patterson, W.R. and T.L. Poulos, *Crystal structure of recombinant pea cytosolic ascorbate peroxidase*. Biochemistry, 1995. **34**(13): p. 4331-41.

21. Smith, W.L., D.L. DeWitt, and R.M. Garavito, *Cyclooxygenases: structural, cellular, and molecular biology*. Annu Rev Biochem, 2000. **69**: p. 145-82.

22. Tsai, A., et al., *Rapid kinetics of tyrosyl radical formation and heme redox state changes in prostaglandin H synthase-1 and -2*. J Biol Chem, 1999. **274**(31): p. 21695-700.

23. Koshkin, V. and H.B. Dunford, *Coupling of the peroxidase and cyclooxygenase reactions of prostaglandin H synthase*. Biochim Biophys Acta, 1999. **1430**(2): p. 341-8.

24. Dawson, J.H., *Probing structure-function relations in heme-containing oxygenases and peroxidases*. Science, 1988. **240**(4851): p. 433-9.

25. Nagai, M. and Y. Yoneyama, *Reduction of methemoglobins M Hyde Park, M Saskatoon, and M Milwaukee by ferredoxin and ferredoxin-nicotinamide adenine dinucleotide phosphate reductase system*. J Biol Chem, 1983. **258**(23): p. 14379-84.

26. Liu, Y., et al., *Replacement of the proximal histidine iron ligand by a cysteine or tyrosine converts heme oxygenase to an oxidase*. Biochemistry, 1999. **38**(12): p. 3733-43.

27. Kurumbail, R.G., et al., *Structural basis for selective inhibition of cyclooxygenase-2 by anti-inflammatory agents*. Nature, 1996. **384**(6610): p. 644-8.

28. Luong, C., et al., *Flexibility of the NSAID binding site in the structure of human cyclooxygenase-2*. Nat Struct Biol, 1996. **3**(11): p. 927-33.

29. Marnett, L.J., et al., *Arachidonic acid oxygenation by COX-1 and COX-2. Mechanisms of catalysis and inhibition*. J Biol Chem, 1999. **274**(33): p. 22903-6.

30. van der Donk, W.A., A.L. Tsai, and R.J. Kulmacz, *The cyclooxygenase reaction mechanism*. Biochemistry, 2002. **41**(52): p. 15451-8.

31. Shimokawa, T. and W.L. Smith, *Essential histidines of prostaglandin endoperoxide synthase. His-309 is involved in heme binding*. J Biol Chem, 1991. **266**(10): p. 6168-73.

32. Mizuno, K., S. Yamamoto, and W.E. Lands, *Effects of non-steroidal anti-inflammatory drugs on fatty acid cyclooxygenase and prostaglandin hydroperoxidase activities*. Prostaglandins, 1982. **23**(5): p. 743-57.

33. Seibold, S.A., et al., *Histidine 386 and its role in cyclooxygenase and peroxidase catalysis by prostaglandin-endoperoxide H synthases*. J Biol Chem, 2003. **278**(46): p. 46163-70.

34. Malkowski, M.G., et al., *The productive conformation of arachidonic acid bound to prostaglandin synthase*. Science, 2000. **289**(5486): p. 1933-7.

35. Rodriguez-Lopez, J.N., A.T. Smith, and R.N. Thorneley, *Role of arginine 38 in horseradish peroxidase. A critical residue for substrate binding and catalysis*. J Biol Chem, 1996. **271**(8): p. 4023-30.

36. Hiner, A.N., et al., *Mechanisms of compound I formation in heme peroxidases*. J Inorg Biochem, 2002. **91**(1): p. 27-34.

37. Shintaku, M., et al., *Absence of a detectable intermediate in the compound I formation of horseradish peroxidase at ambient temperature*. J Biol Chem, 2005. **280**(49): p. 40934-8.

38. Poulos, T.L. and J. Kraut, *The stereochemistry of peroxidase catalysis*. J Biol Chem, 1980. **255**(17): p. 8199-205.

39. Lou, B.S., et al., *Resonance Raman studies indicate a unique heme active site in prostaglandin H synthase*. Biochemistry, 2000. **39**(40): p. 12424-34.

40. Ichimura, S., et al., *Unique peroxidase reaction mechanism in prostaglandin endoperoxide H synthase-2: compound I in prostaglandin endoperoxide H synthase-2*

can be formed without assistance by distal glutamine residue. J Biol Chem, 2007. **282**(22): p. 16681-90.

41. Feis, A., et al., *The distal cavity structure of carbonyl horseradish peroxidase as probed by the resonance Raman spectra of His 42 Leu and Arg 38 Leu mutants.* Biochemistry, 1998. **37**(39): p. 13575-81.
42. Anderton, C.L., R.E. Hester, and J.N. Moore, *A chemometric analysis of the resonance Raman spectra of mutant carbonmonoxy-myoglobins reveals the effects of polarity.* Biochim Biophys Acta, 1997. **1338**(1): p. 107-20.
43. Gajhede, M., et al., *Crystal structure of horseradish peroxidase C at 2.15 A resolution.* Nat Struct Biol, 1997. **4**(12): p. 1032-8.
44. Landino, L.M., et al., *Mutational analysis of the role of the distal histidine and glutamine residues of prostaglandin-endoperoxide synthase-2 in peroxidase catalysis, hydroperoxide reduction, and cyclooxygenase activation.* J Biol Chem, 1997. **272**(34): p. 21565-74.
45. Kulmacz, R.J., *Prostaglandin H synthase and hydroperoxides: peroxidase reaction and inactivation kinetics.* Arch Biochem Biophys, 1986. **249**(2): p. 273-85.
46. Kulmacz, R.J. and W.E. Lands, *Requirements for hydroperoxide by the cyclooxygenase and peroxidase activities of prostaglandin H synthase.* Prostaglandins, 1983. **25**(4): p. 531-40.
47. Liu, J., et al., *Prostaglandin endoperoxide H synthases: peroxidase hydroperoxide specificity and cyclooxygenase activation.* J Biol Chem, 2007. **282**(25): p. 18233-44.
48. Tsai, A.L., G. Palmer, and R.J. Kulmacz, *Prostaglandin H synthase. Kinetics of tyrosyl radical formation and of cyclooxygenase catalysis.* J Biol Chem, 1992. **267**(25): p. 17753-9.
49. Kulmacz, R.J., et al., *Prostaglandin H synthase: spectroscopic studies of the interaction with hydroperoxides and with indomethacin.* Biochemistry, 1990. **29**(37): p. 8760-71.

50. Shitashige, M., I. Morita, and S. Murota, *Different substrate utilization between prostaglandin endoperoxide H synthase-1 and -2 in NIH3T3 fibroblasts.* Biochim Biophys Acta, 1998. **1389**(1): p. 57-66.
51. Sakamoto, H., H. Imai, and Y. Nakagawa, *Involvement of phospholipid hydroperoxide glutathione peroxidase in the modulation of prostaglandin D2 synthesis.* J Biol Chem, 2000. **275**(51): p. 40028-35.
52. Brigelius-Flohe, R., *Tissue-specific functions of individual glutathione peroxidases.* Free Radic Biol Med, 1999. **27**(9-10): p. 951-65.
53. Bambai, B., et al., *Role of Asn-382 and Thr-383 in activation and inactivation of human prostaglandin H synthase cyclooxygenase catalysis.* J Biol Chem, 2004. **279**(6): p. 4084-92.
54. Kiefer, J.R., et al., *Structural insights into the stereochemistry of the cyclooxygenase reaction.* Nature, 2000. **405**(6782): p. 97-101.
55. Smith, W.L., et al., *Tyrosyl radicals and their role in hydroperoxide-dependent activation and inactivation of prostaglandin endoperoxide synthase.* Biochemistry, 1992. **31**(1): p. 3-7.
56. Greig, G.M., et al., *The interaction of arginine 106 of human prostaglandin G/H synthase-2 with inhibitors is not a universal component of inhibition mediated by nonsteroidal anti-inflammatory drugs.* Mol Pharmacol, 1997. **52**(5): p. 829-38.
57. Mancini, J.A., et al., *Altered sensitivity of aspirin-acetylated prostaglandin G/H synthase-2 to inhibition by nonsteroidal anti-inflammatory drugs.* Mol Pharmacol, 1997. **51**(1): p. 52-60.
58. Houtzager, V., et al., *Inhibitor-induced changes in the intrinsic fluorescence of human cyclooxygenase-2.* Biochemistry, 1996. **35**(33): p. 10974-84.
59. Griswold, D.E. and J.L. Adams, *Constitutive cyclooxygenase (COX-1) and inducible cyclooxygenase (COX-2): rationale for selective inhibition and progress to date.* Med Res Rev, 1996. **16**(2): p. 181-206.

60. Hamberg, M. and B. Samuelsson, *On the mechanism of the biosynthesis of prostaglandins E-1 and F-1-alpha*. J Biol Chem, 1967. **242**(22): p. 5336-43.

61. Rowlinson, S.W., et al., *The binding of arachidonic acid in the cyclooxygenase active site of mouse prostaglandin endoperoxide synthase-2 (COX-2). A putative L-shaped binding conformation utilizing the top channel region*. J Biol Chem, 1999. **274**(33): p. 23305-10.

V. PGHS 기질 결합 모드

기질 결합

PGHS의 두 이소형 PGHS-1과 PGHS-2는 발현양상과 생리적인 역할에 큰 차이를 보인다. PGHS-1은 지속적으로 발현되며, 항상성 유지에 관여한다. 대조적으로 PGHS-2는 다양한 자극 인자에 의한 유발적 발현양상을 나타낸다. 두 동종효소의 세포 내 분포는 동일하며, 소포체 내강이나 핵막의 양쪽에 고르게 위치한다. PGHS-1과 PGHS-2의 잔기는 600 - 604이며, N말단의 signal peptide가 성숙과정에서 제거된다. 일반적으로 PGHS 잔기의 번호는 ovine 또는 murine PGHS-1을 기준으로 하여 매겨지며, 이는 종 또는 동종효소 간에 구조 및 기능 비교에 도움을 준다. 동일 종의 동종효소 간의 아미노산 서열 동일성은 60-65%이며, 동일 동종효소의 종간의 경우에는 85 - 90%를 나타낸다.

PGHS는 heme-의존적 peroxidase와 상당 수준의 유사성이 관찰된다[1]. 유사한 단백질로 myeloperoxidase (MPO)나 thyroid peroxidase를 꼽을 수 있다. N말단에는 signal peptide에 이어 epidermal growth factor-like (EGF) 도메인이 위치하며, 이 도메인의 기능은 확실하지 않다. 두 동종효소의 일차서열의 현저한 차이는 세 지역에서 관찰된다. 첫째, signal peptide의 길이와 아미노산 구성; 둘째, MBD의[39] 서열; 셋째, PGHS-2의 C말단 근처에 존재하는 추가적인 18 잔기를 들 수 있다. PGHS-1에는 획일적으로 Asn68, Asn144, Asn410에 *N*-글라이코실화가 되어 분자량이 ~67 kD이며, PGHS-2에서는 추가적인 Asn588의 글라이코실화 유무에 따라 68-72 kD 사이이다. *N*-글라이코실화는 COX의 성숙 및 분해과정에 관여한다. PGHS는 heme-의존적 peroxidase와 같이 완전한 활성을 위해 단위체마다 한 분자의 ferric-protoporphyrin Ⅸ과 결합한다. PGHS-2는 heme과의 결합 세기가 PGHS-1에 비해 약

39) Membrane binding domain (막결합도메인)

하며, 두 동종효소 모두 heme-의존적 peroxidase와 달리 heme의 유실로 아포형 PGHS로 전환된다.

NSAID인 flurbiprofen과 결합한 PGHS-1의 결정구조가 1994년 발표된 후로 PGHS-2의 구조도 뒤를 이었다[2-4]. 기질과 결합된 PGHS-1과 PGHS-2의 구조발표로 활성부위의 다양한 특성분석이 가능해졌다. 결정구조는 동종효소 간에 구조적 유사성을 보여주며, 두 단백질은 거의 완벽하게 포개질 수 있다. PGHS 단위체는 N말단 EGF, 48개 잔기의 MBD, C말단 구형 촉매 도메인으로 구성된다. EGF와 촉매도메인은 이량체 사이의 인터페이스를 형성하며, 동종이량체의 두 MBD는 약 25 Å 떨어져 있다. MBD는 네 개의 연속적인 친양쪽성 α-나선으로 구성되며, 이 중 세 나선은 거의 동일한 평면에 위치하지만, 마지막 나선은 촉매 도메인 중앙부를 향하고 있다. 이들 나선의 소수성, 방향족 아미노산의 곁사슬은 나선의 바깥쪽을 향해 일련의 소수성 표면을 형성하여 막과의 상호작용에 관여한다. 촉매도메인은 PGHS의 중앙부에 위치하며, 거의 전적으로 α-나선 이차구조로 구성된다. 포유류 heme-의존적 peroxidase와 상당 수준의 구조적 유사성을 보인다. 소수성 COX 통로는 MBD에서 시작하여 촉매도메인 내부까지 확장되어 거리상으로 약 25 Å이다. 이 소수성 통로의 말단에 위치한 Gly533을 기점으로 이량체 인터페이스를 연결하는 '수로' 가 존재한다. PGHS의 촉매 도메인과 heme-의존적 peroxidase를 중첩하는 경우, 다음 나선의 공간적 배열은 상당히 유사하다. 나선 2는 원위 His를 포함하며, 나선 5와 6은 독특한 나선-turn-나선 motif를 이룬다. 나선 8에는 근위 His가 위치하며, 나선 12와 역평형관계이고, 나선 17은 COX 통로 일부를 구성한다.

POX 활성부위는 다른 peroxidase와 대조적으로 용매에 상당히 노출되어 있으며, 이는 heme 그룹의 해리와 재결합을 용이하게 한다. Heme 포켓 내부에 위치한 heme 고리는 비포유류성 peroxidase 경우와 비교하여 180° 회전하여, propionate 부분이 반대방향을 확장되어 있다. His388은 heme의 근위 리간드이며, Nε 질소는 ferric 철과, Nδ 질소는 물 분자, Tyr504를 포함하는 수소결합 네트워크에 참여한다. 근위 His는 MPO에서는 Asn과, 다른 peroxidase에서는 Asp와 상호작용을 하지만, PGHS에서는 상응하는 수소결합이나 이온결합이 관찰되지 않는다[5]. Raman 스펙트럼에서도 His388은 다른 peroxidase의 근위 His에 비해 중성적인 특성을 보여준다. Tyr504의 치환으로 이 수소결합 네트워크가 와해되는 상황에서도 POX 활성은 유지된다. Heme의 원위 쪽에 위치한 His207은 peroxide 기질의 탈수소이온화와

alkyloxide 이온의 재수소이온화 과정에 관여하는 주요 잔기이다. 비포유류성 peroxidase에서는 Arg 잔기가 원위 His에 인접해 있지만, PGHS와 MPO에서는 Arg 위치에 Gln이 존재한다. 원위 His의 곁사슬, Gln의 골격 carbonyl기, His 이전 잔기의 곁사슬은 서로 수소결합을 형성하여 His의 위치안정화에 기여한다. Heme 철의 리간드인 CO나 CN^-는 굽은 상태보다는 선형적 배향을 보여준다. 부피가 큰 15-HPETE이나 PGG_2의 결합에 적합한 POX 활성부위는 azide, thiocyanate, 그리고 H_2O_2와 같은 작은 분자에 대해서는 낮은 친화도를 나타낸다. Fe^{3+}-protoporphyrin Ⅸ이 자연적 heme 리간드이지만, Mn^{3+}-protoporphyrin Ⅸ도 POX/COX 활성을 보인다[6]. Co^{3+}-protoporphyrin Ⅸ인 경우는 구조적 원형이 유지된 상태에서 불활성을 나타내어 COX의 다양한 기질과의 결합 구조분석에 활용된다.

PGHS 내부 골격은 MPO와 유사하다. PGHS에서는 나선 6 주변의 strand가 ~7 Å 이동하여 효소 내부에 ~25 Å의 긴 통로를 형성한다. 이는 MPO나 다른 peroxidase에서는 찾아볼 수 없는 구조이다. PGHS의 촉매중심은 Arg120에서 Tyr385에 이르는 통로의 위쪽 반을 차지한다. PGHS-1에서 아라키돈산은 확장된 L자형으로 통로에 결합한다. Arg120의 guanidinium 그룹은 아라키돈산의 카복실기와 결합하여 기질결합의 중요 결정인자로 작용한다. 아라키돈산의 C7-C14는 S자형으로 Ser530의 곁사슬 주변을 감싸고 있다. Tyr385의 페놀 산소는 아라키돈산의 C13 근처에 위치하여 proS 수소를 탈취하여 COX 반응을 개시한다. 아라키돈산의 ω말단 (C14-C20)은 Ser530 위쪽의 소수성 홈과 상호작용을 형성한다. 이 홈은 Phe205, Phe209, Val344, Phe381, 그리고 Leu534로 구성되어 있다.

대체적 기질인 DHLA (20:3n-6)[40], LA (18:2n-6)[41], 그리고 EPA (20:5n-3)[42]도 COX 활성부위에 아라키돈산과 마찬가지로 L자형으로 결합한다[7, 8]. 이들 기질의 카복실기는 Arg120과 염다리를 형성하며, ω말단은 소수성 홈에 위치한다. 이들 기질의 탄소수나 이중결합 수와 같은 화학적 특성차이는 결합양상의 국지적 변화로 이어진다. LA에서는 염다리 형성과 C1-C6의 배치는 아라키돈산과 동일하지만, C7-C9는 더욱 확장되어 C13 대신에 C11이 Tyr385와의 반응거리에 놓인다. 결과적으로 9- 또는 13-hydroperoxy octadecadienoic acid

---

40) Dihomo-γ-linolenic acid

41) Linoleic acid

42) Eicosapentaenoic acid

가 생성된다. 다른 기질에서도 유사한 양상으로, n-6 계열에서는 n-8 수소가, n-3 계열에서는 n-5 수소가 Tyr385의 페놀 산소에 의해 추출된다.

PGHS-2와 아라키돈산의 결합은 PGHS-1과 차이를 보인다. 아라키돈산의 전환을 최소화하기 위해 사용된 아포형 효소와 아라키돈산의 결합구조에서 아라키돈산의 일부는 PGG_2로 전환된 모습이 관찰된다[9]. POX 불활성을 보이는 PGHS-2 H207A 돌연변이는 아라키돈산과의 결합모드에서 현저한 차이를 보인다. 아라키돈산의 carboxyl기가 활성부위 중심의 Tyr385, Ser530과 수소결합을 형성하는 도치된 형태로 비생산적인 구조, 또는 저해적 결합모드로 해석이 되기도 한다. 기질의 저해적 결합의 생리적인 의미는 확실하지 않지만, PGHS-2의 다양한 결합모드는 PGHS-1과의 높은 서열 동일성에도 불구하고 리간드 결합에서는 상당히 다른 양상이 존재함을 암시한다. 실지 PGHS-2의 기질은 PUFA[43)]를 넘어 2-AG[44)]나 아라키돈산-ethanolamide와 같은 endocannabinoid를 포함한다[10, 11].

PGHS-1과 PGHS-2의 중요한 구조적 차이는 COX 활성부위의 규모이다. PGHS-2의 COX 활성부위에 인접한 측면포켓의 존재는 이 동종효소의 COX 활성부위를 PGHS-1보다 24% 크게 한다. 이 측면포켓은 diarylheterocycle 계통의 PGHS-2 선택적 저해제 개발에 효과적으로 이용되고 있다. PGHS-1의 Ile523은 저해제의 sulfone이나 sulfonamide 그룹의 결합을 차단하는 일종의 '문지기' 역할을 수행한다. PGHS-2 내에서 이 측면포켓이 갖는 기능에 대해서는 아직 확실하지 않다. 하지만 PGHS-2가 아라키돈산의 중성 유도체를 PGHS-1에 비해 효과적으로 산소첨가할 수 있으며, 실지 2-AG는 PGHS-2에 대해 아라키돈산과 유사한 값을 보인다. 돌연변이를 통한 실험에서 이 중성 기질의 결합에 측면포켓과 Arg513이 역할이 중요한 것으로 밝혀졌다[12]. 2-AG는 arachidonyl ester와 amide 중에 PGHS-2에 대해 가장 뛰어난 기질이며, 1-AG으로의 이성질화 반응이 잘 일어난다.[45)] Arachidonyl 아미노산인 arachidonyl-Gly는 아라키돈산에 비해 k_{cat}/K_m이 1/10 수준이다. 그 외에 arachidonyltaurine, arachidonylcholesterol은 PGHS-2의 기질이 아닌 것으로 보인다. 2-AG, AEA, 그리고 arachidonyl-Gly는 PGHS-2에 의해 각각 PGH_2-G, PGH_2-EA, PGH_2-Gly로 전환된다. 이어

43) Polyunsaturated fatty acid

44) 2-Arachidonylglycerol

45) 2-AG의 반감기는 생리적 조건에서 4-10 min임.

서 PGHS 연계 효소작용에 의해 PGH_2 경우와 유사한 생성물이 형성된다. 하지만 thromboxane A synthase에 대해서는 매우 낮은 기질성을 보이며, PG-G와 PG-EA는 비교적 안정적이다.[46)]

COX 활성부위 잔기들의 치환 효과는 기질과 결합한 PGHS의 구조를 통해 상세한 해석이 가능하다. Arg120은 기질과의 결합에서 동종효소 특이성을 보여주는 대표적 잔기이다. PGHS-1에서 결합 정도가 1,000배 감소하는 효과와는 대조적으로 PGHS-2에서는 V_{max}와 K_m에 거의 영향을 주지 않는다. 이는 PGHS-2의 활성부위에 있는 소수성 잔기들의 기질결합에 대한 역할이 PGHS-1의 경우에 비해 큰 비중을 차지함을 암시한다. 그 외에 아라키돈산의 정점에 위치한 Val349, 중앙부 근처의 Ser530, Tyr348, 그리고 Trp387, 마지막으로 ω말단쪽의 Phe518, Leu531, 그리고 Gly533이 돌연변이 연구의 주요 잔기들이다.

Val349의 치환은 COX의 주요 생성물이 PGG_2에서 11R-HPETE이나 15R/S-HPETE로 바뀌게 한다. PGHS-1 V349L에서는 15R/S-HPETE의 생성이 증가하고, Ile로의 치환은 C15의 입체화학적 특이성을 부여하여 생성물이 (R)-이성체가 되도록 한다. Ser530은 aspirin의 아세틸화 자리로 아라키돈산의 C13과 긴밀한 상호작용을 형성한다. 촉매에 직접 관여하지는 않지만 C13, C11의 최적배치화에 중요한 역할을 한다. Ser530의 아세틸화는 동종효소 특이적이다. PGHS-1에서는 효소의 불활성화를 가져오지만, PGHS-2에서는 PGG_2 대신에 15R-HPETE가 생성된다. C13 수소 추출과정에 이은 산소분자 첨가반응이 C11 주위의 공간적 방해로 비교적 넓은 C15에서 이루어진다. S530T 치환은 생성물의 입체화학 특성을 (S)-배열에서 (R)로 전환시킨다. Gly533은 아라키돈산의 마지막 탄소 2개와 인접한다. 이 잔기의 치환은 두 동종효소에서 모두 기질 전환의 현저한 감소를 가져온다. ω말단의 결합변화는 직접적으로 C13의 생산적 위치에 영향을 준다. 하지만 carboxylate 쪽은 다소 유연성이 있어 다소의 입체환경 변화를 수용할 수 있다.

COX 반응과정은 4개의 기본단계로 구성된다. 초기에 arachidonyl carboxylate는 Arg120과 상호작용을 하며, COX 활성통로로 들어간다. 이 과정에서 C13 proS 수소의 생산적 위치화, endoperoxide 다리와 cyclopentyl 고리 형성에 적합한 C8와 C12의 배열이 이루어진다. Tyr385 tyrosyl 라디칼의 수소추출과 산소분자 첨가로 11R-peroxyl 라디칼이 형성된다. 아라

46) PG-G와 PG-EA는 혈청에서는 가수분해되지 않으며, 혈장에서의 가수분해에 의한 반감기는 각각 7 min, ∞임.

키돈산이 확장된 L자형을 그대로 유지하는 경우, C8과 C12은 고리형성이 쉽지 않다. 가능한 시나리오는 11R-hydroperoxyl 라디칼이 C10/C11 결합을 축으로 회전하여 C9의 (R)-쪽을 공격하여 endoperoxide 다리를 형성하고, 이에 따른 C12의 C8 쪽으로의 이동이 고리형성을 용이하게 한다는 것이다. 마지막으로 C15에 두 번째 산소분자가 첨가되어 15S-peroxyl 라디칼이 생성되고, 이 라디칼이 다시 Tyr385로 전이되면서 PGG_2가 생성되고 효소는 다음 촉매 사이클을 위해 초기화 된다.

PGG_2를 비롯하여 11R-HPETE, 15R/S-HPETE의 생성은 COX 촉매반응 과정에서 여러 개의 conformer가 존재하고, COX와 결합한 아라키돈산의 구조는 시간적, 공간적 평균임을 암시한다. COX 통로는 좁은 가늠구멍에 비유될 수 있으며, 기질과 생성물의 출입과 중간체의 변형을 수용하기 위해 상당 수준의 동적인 구조변화를 요구한다. 이는 결정구조에서는 관찰되지 않지만, 다양한 NSAID의 저해양상에 관한 연구결과는 이와 같은 변화를 뒷받침한다.

아라키돈산 결합패턴

PGHS-1 결정구조에서 아라키돈산은 확장된 L-형상으로 결합되어 있다[13]. 아라키돈산의 카복실기는 Arg120과 상호작용을 하고, ω말단은 Ile377, Gly533과 인접해 있다. 13pro(S) 수소는 Tyr385와 접해 있고, C11에는 첫 번째 산소분자 삽입을 위한 충분한 공간이 존재하며, endoperoxide 형성과정에서 11-hydroperoxyl 라디칼은 C9과 교각을 형성한다. C10/C11결합을 축으로 하는 회전과 이어지는 ω말단의 전치로 C12는 C8과 결합하여 cyclopentane 고리를 형성한다. C15에 두 번째 산소분자가 삽입되고, 고리형성으로 인해 C13 대신에 C15이 Tyr385에 인접하게 되어 최종적으로 단전자 환원이 일어난다. 아라키돈산과 결합한 PGHS-1의 결정구조에서는 기질과 효소 사이에 친수성 2개, 소수성 48개 합하여 50개의 상호작용이 발견되며 cyclooxygenase 활성부위에 위치한 19개의 아미노산 잔기가 이 상호작용에 참여한다[14].

Tyr385의 Phe 치환은 POX 활성에는 영향을 미치지 않지만, COX 활성은 소실된다. Tyr385는 COX 활성부위가 비어 있는 경우 tetranitromethane에 의해 니트로화 된다. 이 잔기는 heme과의 반응으로 라디칼이 생성되고, COX 촉매반응의 속도조절단계인 13proS 수소

추출을 수행한다. Tyr348은 Tyr385와 아라키돈산의 적정위치화에 관여한다. 두 아미노산 곁사슬의 페놀 산소 간의 근접한 거리는 두 원자 사이에 수소결합을 예시하고 있으며, 다른 상호작용은 없는 것으로 보인다. Tyr348 페닐 고리탄소 (CE2)는 아라키돈산의 C12, C13, 그리고 C14와 van der Waals 거리에 놓여 있으며, 소수성 상호작용에 의해 아라키돈산 C13 위치 적정화에 관여한다. Tyr348과 Tyr385 사이의 수소결합은 촉매반응에 별다른 영향을 주지 않는 것으로 보인다. 예를 들어 Y348F 돌연변이 효소의 경우 cyclooxygenase와 peroxidase의 활성도나 생성물 프로파일에 차이를 보이지 않으며 V_{max}/K_m 수치도 native의 60%를 유지한다. Tyrosyl 라디칼 형성패턴 역시 native와 유사하다. Y348L 돌연변이 효소인 경우는 peroxidase 활성도는 10% 미만인 반면, cyclooxygenase 활성도는 소실된다. 아마도 Tyr348 아미노산이 Leu로 치환되면 Tyr385의 위치가 아라키돈산의 C-13에서 멀어지고, 또한 heme 그룹과의 거리에도 변화가 생겨 cyclooxygenase와 peroxidase 활성도 모두에 영향을 끼치는 것으로 보인다. Tyr348은 Tyr385 인접 하단부에 존재하며, Leu 치환으로 생긴 공간은 Tyr385를 포함하는 나선의 이동성을 제공하여 POX 활성부위의 변동을 야기한다. Y348W 돌연변이 효소는 COX/POX 활성을 전혀 보이지 않는다. 15S-HPETE 첨가도 COX 활성화를 일으키지 못한다. Trp 치환으로 인해 Leu 치환영향뿐만 아니라, 근위 heme 리간드인 His388의 적정위치 이탈로 인한 POX 활성도의 치명적인 소실이 빚어지는 것을 예상해 볼 수 있다.

Gly533은 COX 활성통로의 원심 말단에 위치하며, Gly533의 Cα는 아라키돈산의 C20와 van der Waals 거리 내에 있다. PGHS-1의 COX 활성은 Gly533의 치환에 예민하지만, PGHS-2에서는 활성이 그대로 유지된다. Arg120의 NH1 guanidinium 질소원자는 아라키돈산의 카복실기와 접촉한다. PGHS-1 Arg120의 Gln 치환은 아라키돈산의 K_m 값의 1,000배 상승을 가져온다. 하지만 PGHS-2 R120Q의 K_m과 V_{max}는 native와 별다른 차이를 보이지 않는다. 아라키돈산에 대한 친화력에 기여하는 정도가 동종효소에 따라 현격한 차이가 있음을 보여준다.

Val349의 메틸기(CG1)는 아라키돈산의 C3와 3.36 Å, C4와 3.14 Å 떨어져 있다. 부피감소 치환인 V349, V349S, 그리고 V349T은 11-HETE의 생성 증가를 가져오지만, 반대로 V349L에서는 15-HETE의 상대적 증가가 나타난다. 키랄성은 11-HETE에서는 11R이, 15-

HETE에서는 15R/15S 혼합형태로 native와 차이가 없다. V349A는 flurbiprofen과 flufenamic acid에 의한 저해에 native보다 훨씬 예민하다. 기질 유사체인 docosahexaenoic acid (DHA)는 V349A에 대해 덜 저해적이다. Flurbiprofen, flufenamate는 공통적으로 2개의 페닐 고리와 카복실기를 갖는 유사한 구조이다. 카복실기를 포함하는 NSAID는 COX 활성부위 입구에서 Arg120과 염다리를 형성한다. Val349의 CG1은 flurbiprofen의 낮은 페닐 고리와 광범위한 van der Waals 접촉을 이루고 있다. V349A 치환은 두 저해제 모두 저해도의 증가를 가져온다. Val 잔기 존재가 이 저해제의 결합을 방해하지만, Ala로 바뀌면 추가적인 공간이 생기고, 이는 2-phenylpropionic acid 부분을 적절하게 수용하는 데 활용될 수 있다. 반대로 DHA는 V349A에 대해 덜 저해적이다. DHA는 기질 유사체로 아라키돈산보다 탄소와 이중결합이 2개 많다. 이는 구조적으로 경직성을 증가시키며, 아라키돈산과 달리 활성부위에서의 conformer의 다양성도 제한을 받는다. Val349와 DHA 카복시 말단 근처의 탄소들은 van der Waals 상호작용으로 결합을 유지하지만, V349A는 어느 정도 결합력이 감소될 것으로 보인다. PGHS-2에 대해서 DHA의 저해가 매우 감소하는 것도 같은 맥락으로 이해될 수 있다.

아라키돈산은 적어도 3개 이상의 생산적 conformer를 형성하는 것으로 보인다[15]. 이 배열은 수소추출과정에서 일어나 서로 다른 생성물, PGG_2, 11R-HPETE, (15R/S)-HPETE에 이른다. Native에서는 PGG_2 형성에 관련된 conformer가 가장 선호되지만, V349A는 PGG_2와 11-HPETE에 이르는 conformer가 동등하게 선호된다. Endoperoxide 고리형성은 C9과 C11의 적정배열을 요구하므로 Ala 치환은 C9 위치의 불안정성을 초래하여 고리형성 효율의 감소를 가져온다.

Trp387은 COX 통로의 정점에 위치하여 indole 고리의 CH2 탄소가 아라키돈산의 C11과 3.38 Å, C12와는 3.65 Å, 페닐 고리 탄소 CZ2와 C11은 3.95 Å 떨어져 있으며, Tyr385와 van der Waals 접촉 거리상에 있다. W387F, W387L은 (11R)-HETE을 상당량 형성하며, V349A와 특성상 유사하다. 387 위치의 여유공간 증가로 아라키돈산의 C11은 증가된 유연성을 갖게 된다. 이 효과가 11-HPETE 형성에 이르는 conformer 생성에 반영되는 것으로 보인다. Leu534의 CD1, CD2 메틸기는 아라키돈산의 C15, C16, C18과 van der Waals 거리 내에 있다. Ala나 Val으로의 치환은 (15S)-HETE의 생성을 증가시킨다. C15 주위의 공간확대가

'antarafacial' 산소분자 접근을 용이하게 하는 것으로 보인다.

Phe205, Phe209, 그리고 Phe381의 페닐 고리 탄소는 아라키돈산의 C14-C20의 van der Waals 거리에 있다. Leu 또는 Ala 치환은 V_{max}, K_m에 미치는 영향이 크지 않다. Phe205의 페닐 고리 가장자리는 C14, C15, 그리고 C18과, Phe209는 C17, C18, 그리고 C19와 van der Waals 접촉을 한다. C14, C15, C17, 그리고 C18은 Val344, Tyr348, 그리고 Leu534와도 van der Waals 접촉거리에 있으며, 기능적으로 높은 중요성을 지닌다. Tyr348의 치환은 아라키돈산의 C14와의 상호작용의 소실을 의미하며, 이에 따른 COX 불활성화를 가져온다. 하지만 C14와 접촉하고 있는 Phe205 치환은 상대적으로 덜 중요하다. 아라키돈산의 ω쪽 절반은 활성부위 잔기와 34개 접촉을 하고 있으며, 카복실기쪽 절반은 16개이다. ω말단의 충분한 공간 확보는 아라키돈산의 적정위치화에 차지하는 비중이 크다.

Ser353의 Cβ 탄소는 아라키돈산의 C3와 van der Waals 접촉거리이고, 이는 Val349와 C3, C4의 접촉과는 반대쪽이다. S353T 치환은 11-, 15-HETE 생성물의 증가를 가져온다. Tyr355는 COX 활성통로 입구에 위치하며, Arg120을 바로 마주 보고 있다. 카복실기 산소와 Tyr355의 페놀기는 3.09 Å 떨어져 있고, meta-탄소 (CE1)와 아라키돈산의 C1은 van der Waals 거리에 있다. Tyr355는 아라키돈산의 카복실기 쪽 절반의 배치에 관여한다. Ser530의 Cα, Cβ는 아라키돈산의 C10, C16과 van der Waals 접촉을 하며, 이 접촉은 Tyr385의 반대 위치이다. S530T에서는 (15R)-HETE 생성물의 양이 현저하게 증가한다. 530 잔기 위치의 공간 축소로 산소분자의 'antarafacial' 첨가가 방해받아, 'suprafacial' 첨가가 대신 진행되어 입체화학 특성이 바뀐다.

DHLA 결합패턴

PGHS는 COX 활성 기질로 아라키돈산을 선호한다. 하지만 n-3, n-6의 탄소 개수 18, 20, 그리고 22의 지방산 역시 활성효율의 차이는 있지만, 기질로서 작용한다. 이들 대체적 기질에는 LA, DHLA, 그리고 EPA가 포함된다. 특히 Δ^5-desaturase 활성과 아라키돈산 수준이 낮은 조직에서는 DHLA 효과적으로 1-계열의 프로스타글란딘으로 전환된다. 추가적 지방산 기질로 mead acid[47)]나 columbinic acid[48)]를 들 수 있으며, 아라키돈산에 비해 높은 K_m을 보여주며 2-계열 prostaglandin 생성과정에 경쟁적 저해를 보인다.

COX 활성부위에 결합하는 DHLA는 확장된 L형상으로 아라키돈산에서 보이는 모습과 비슷하다. PGHS-1의 기질결합을 결정하는 잔기 중의 하나인 Arg120의 곁사슬은 DHLA의 카복실기와 결합하며, ω말단은 나선 17을 따라 늘어있는 Ser530, Gly533 사이의 소수성 홈에 위치한다. C7-C14는 Ser530 곁사슬을 S형상으로 둘러싸며, C11은 기질의 'antarafacial' 쪽으로 산소분자 첨가가 용이한 배열을 한다. DHLA는 COX 활성통로에 속하는 19개 잔기와 62개의 접촉을 한다[8]. 이들 중 3개는 친수성으로 DHLA의 카복실기와 Arg120, Tyr355가 관여한다. 아라키돈산의 경우와 대부분 유사하지만 일부 접촉에는 두 기질 사이에 차이를 보인다.

Ser353, Ile377 잔기는 기질 아라키돈산과, Val228, Phe518은 DHLA와 특이적 접촉을 보여준다. 아라키돈산과 DHLA의 카복실기 절반은 ω쪽에 비해 서로 다른 입체형태를 나타낸다. DHLA의 C5/C6 이중결합 부재는 카복실기 절반의 유연성을 향상시키며, 결정 잔기인 Arg120, Tyr385와의 적절한 상호작용을 위해 C2-C10은 더욱 조밀한 코일 구조를 갖는다. 이로 인해 DHLA의 카복실 절반은 나선 17에 더욱 근접하여 15개의 접촉을 이루며, 반대로 나선 6와는 단지 4개의 접촉이 보인다. Ile523의 CG2와 Ser530의 Oγ는 아라키돈산에 비해 각각 0.9, 1.1 Å 이동한다. 하지만 C8, C9의 상대적 위치변경이 반응메커니즘에서 제안된 endoperoxide 다리나 cyclopentane 고리 형성에는 영향을 미치지 않는다.

COX 활성통로에 존재하는 대부분의 소수성 잔기 치환은 아라키돈산과 DHLA의 산소첨가에 유사한 영향을 미친다. 하지만 Val349, Ser530는 예외적이다. V349A 치환은 DHLA에 대한 V_{max}/K_m 값의 현저한 감소를 가져온다. Native와 비교할 때 800배 감소를 나타내며, 기질로서는 거의 비효율적이고 오히려 K_i가 2 μM인 경쟁적 저해제이다. Native에 대한 K_m과 V349A의 K_i가 같은 범위에 있음은 Ala으로의 치환이 DHLA의 결합친화력에 별다른 영향을 주지 않는 것을 암시한다. 하지만 V349A는 촉매적으로 비생산적 conformer를 유도하여 산소첨가 반응을 개시하지 못한다. 부피가 큰 잔기로의 치환인 V349L은 주로 K_m 효과에 기인

47) Mead acid; 5Z,8Z,11Z-eicosatrienoic acid

48) columbinic acid; 5E,9Z,12Z-octadecatrienoic acid

한 산소첨가 감소를 가져온다.

아라키돈산보다 DHLA의 산소첨가 효율에 Val349가 차지하는 중요성이 큰 이유는 두 기질과 Val349의 상대적 위치화의 차이에서 비롯된다. Val349의 CG1은 DHLA의 C5와 van der Waals 접촉을 하고 있으나, 아라키돈산의 경우에는 C3, C4가 관여한다. DHLA의 C3-C5는 Ala527, Gly526, 그리고 Ile523과의 상호작용으로 한 쪽으로 약간 치우쳐 있고, Val349는 다른 쪽에서 일종의 구조적 장애물로 작용한다. Ala으로의 치환은 더 이상 DHLA을 고정하는 장애물이 없는 상황을 조성하여 C3-C5 부분의 유연성이 커지게 한다. 이 변화는 DHLA C13에까지 영향을 미쳐 COX 활성개시 효율을 현저하게 떨어뜨린다. 하지만 아라키돈산은 C5/C6 이중결합 존재로 상대적으로 경직된 구조를 가지며, C9, C11의 위치변화로 11-HPETE 생성을 증가시키지만 C13에까지는 영향이 전달되지 않는다. V349L 치환은 DHLA와 아라키돈산 모두 C13 위치이동 효과를 보인다. 다만 아라키돈산의 상대적 경직성으로 인해 부피가 큰 Leu로의 치환에 대한 저항이 약간 더 강하다.

PGHS-2에서는 기질 특이성에 대해 Val349의 역할은 크지 않다. PGHS-2 V349A는 두 기질에 대한 활성효율에 차이를 보이지 않으며 native와 비교할 때 절반 수준이다. S530T는 DHLA의 산소첨가 효율이 native보다 750배 감소한다. Ser530 돌연변이와 아라키돈산의 C10, C16은 3개의 van der Waals 접촉을 하며, DHLA 경우에는 C10, C13, C15, C16, 그리고 C17이 결합거리에 있다. Ser530의 Cα, Cβ는 아라키돈산보다는 DHLA 경우, 좀 더 기질에 치우쳐 C13, C15와 추가적인 접촉을 형성한다. 이 접촉은 COX 활성을 유지에 중요하며, DHLA가 기질인 경우 Ser530의 중요성은 가중된다.

EPA와 LA 결합패턴

탄소 수 18-22의 불포화지방산은 효율의 차이는 있지만 PGHS 기질이다. 그중에 아라키돈산은 두 동종효소 모두가 선호하는 기질이다. 아라키돈산 이외의 대체기질은 일반적으로 아라키돈산 보다는 높은 K_m 수치를 가지며, 대체기질과 아라키돈산이 공존하는 경우 활성부위에 대한 경쟁적인 결합으로 인해 아라키돈산에서 유래하는 2-계열 prostaglandin 형성은 저해될 수 있다. Linoleic acid (LA; 18-2 n-6)는 산소첨가반응으로 9-hydroxyoctadecadienoic acid

나 13-hydroxyoctadecadienoic acid로 변환된다. EPA는 아라키돈산과 같이 phosphoglyceride의 *sn-2*위치에 저장되어 있다가 phospholipase A_2의 활성으로 방출된다. 방출된 EPA는 프로스타노이드로 전환되기도 하지만, PGHS-1 반응의 효과적인 경쟁적 저해제로서 작용하기도 한다[16].

EPA와 LA 기질이 COX 활성부위에 결합하는 모습은 기존에 밝혀진 아라키돈산과 DHLA 경우와 유사하다. 소위 L형상 구도는 기질의 카복시 말단을 기질통로의 입구에 있는 Arg120와 Tyr355의 곁사슬 근방에 위치시켜 카복시 말단의 음전하는 Arg120의 guanidinium 그룹과 염다리를 형성하고, Tyr355의 페놀 산소는 수소결합으로 기질의 결합안정화에 기여한다. 지방산 기질의 ω말단은 나선 17 (잔기 520-535) 상부의 소수성 홈에 위치하는데, 이를 위해서는 기질의 중간 부분이 Ser530의 곁사슬 주위로 얽혀야 한다. EPA와 LA는 COX 활성부위의 20개 잔기와 각각 61, 47개의 접촉을 가지며[7], 그 중 Arg120과 Tyr355만의 접촉이 유일하게 친수성을 띤다.

EPA는 아라키돈산과 결합모드가 유사하지만, ω말단의 추가적인 C17/C18 이중결합의 존재로 기질의 유연성이 감소하고 다소 경직된 결합모습을 보인다. C1은 Arg120과 필요한 카복실기 상호작용을 형성하지만, 나머지 탄소사슬은 아라키돈산 경우보다 더 압축되고 전치되어 있다. C2-C10 탄소들은 나선 17과 밀접하게 배치되어 아라키돈산 경우의 13개 접촉보다 거의 두 배인 24개 접촉을 보여준다. Ser530 상부의 소수성 홈 쪽에서 유연성이 다소 결여된 ω 말단을 수용하기 위해 이 탄소들의 전치는 불가피하다. 그 결과 EPA의 C13은 아라키돈산의 C13과 비교할 때, 1.4 Å 벗어나 있고, C13의 proS 수소는 Tyr385의 페놀 산소와는 4.1 Å 거리를 두고 있다.

LA는 아라키돈산보다 탄소 수와 이중결합 수가 2개 짧은 구조이지만, COX 활성부위와의 결합은 아라키돈산 경우와 매우 유사하다. LA의 C1은 Arg120과 상호작용을 하며, C2-C7 탄소는 Val349, Leu352, Ile-523, Gly526, 그리고 Ala527과 접촉한다. C7에서 시작한 탄소사슬은 활성부위 정점으로 직접 향하고 있으며 아라키돈산의 C13에 해당하는 LA의 C11은 Tyr385 하단에 위치한다. 아라키돈산은 C8/C9의 이중결합으로 나선 17쪽으로 돌출되어 있고 Ser530의 곁사슬 주위를 돌기 전에 Gly526과 4개의 소수성 결합을 형성한다. 탄소 수 20개 지방산의 공통적인 특성인 S형상 꼬임이 18-탄소 지방산인 LA에서는 발견되지 않지만, COX

촉매작용을 위한 최적 배치화는 유지된다. LA의 C11 proS 수소는 Tyr385의 페놀 산소에서 3.0 Å 떨어져 있고, C9-C18 탄소사슬은 아라키돈산의 C11-C20에 해당되어 아라키돈산 경우와 거의 같은 모습을 취한다. 불포화 지방산 기질과 접촉하는 대표적 잔기로 Val349, Ser530, Leu534, 그리고 Phe205를 들 수 있다. Val349는 아라키돈산이 PGG_2 생성을 선호하는 conformer 형성에 깊이 관여한다. Ala으로의 치환 (V349A)은 생성물 프로파일에서 11-HPETE의 생성이 2.5%에서 55%로 증가되고, V349L는 15-HPETE을 20% 정도 생성한다. 하지만 EPA/LA인 경우에는 Val349의 치환이 생성물 프로파일 분포에 큰 변화를 주지 않는다. 생성물 분포의 변화보다 효율적인 산소첨가의 주요 잔기로서의 역할이 크다. Val349는 나선 6 (325-353)에 위치하고, 곁사슬은 활성부위통로의 내부로 향해 기질의 카복실기 반쪽의 위치화에 구조적 범퍼로 작용한다. Val349의 Cγ1 탄소는 아라키돈산의 C3, C4와 접촉하여 PGG_2를 선호하는 경로로 유도한다. EPA나 LA에서도 Val349의 Cγ1 탄소는 EPA의 C2, C3와 LA의 C4와 접촉한다. Val349의 Ala치환은 카복실기 반쪽이 움직일 수 있는 큰 포켓을 제공한다. EPA의 탄소사슬이 C17/C18의 이중결합 존재로 아라키돈산보다 더 압축되어 있지만, 새로 생긴 포켓은 이 압축된 탄소사슬이 이동을 허용하게 되고 결과적으로 Tyr385에서 더 밀리 떨어지게 된다. 아울러 EPA의 C1-C10 탄소사슬은 Val349 건너편에 위치한 Ile523, Gly526, 그리고 Ala527과의 접촉이 약화되어 활성부위 내의 EPA 결합의 불안정을 가져온다. V349L에서는 COX 활성부위 크기의 수축을 가져오며, 이는 아라키돈산과 DHLA의 결합과 산소첨가에 크지 않은 영향을 주지만 EPA와 LA에서는 반대이다. EPA와의 결합은 카복실기 반쪽에 인접한 공간의 축소로 큰 변화를 보이며, LA에서도 Leu와 추가적인 상호작용의 예상과는 달리 C2-C6 탄소사슬은 Leu 곁사슬에 의한 교란으로 적정위치화에서 벗어난다.

Ser530은 아라키돈산의 C10, C16과 3개의 van der Waals 접촉을 보인다. 아라키돈산의 중간부위는 Ser530의 곁사슬 주위를 감아 C13을 Tyr385 아래에 위치시킨다. EPA의 C10, C12, C13, C16, C17, 그리고 C18은 Ser530과 7개의 접촉이 있으며, C13의 위치는 아라키돈산 경우와 동일하다. 하지만 추가의 n-3 이중결합을 소수성 포켓에 위치시키기 위해 EPA의 중간부위는 압축되고 Ser530의 곁사슬 쪽으로 전치되어있다. S530A는 Tyr385 하부의 공간을 넓히게 되고, 이는 EPA의 C10-C16이 최적배치를 위해 움직일 수 있는 공간으로 활용된다. 그 결과 S530A는 native와 비교해서 V_{max}는 감소하지 않는다. 대조적으로 크기가 큰 Thr으로의 치환은 오히려 적응 가능한 공간의 축소로 산소첨가 효율이 현저히 떨어진다. LA의 C8, C11, 그리고 C14은 Ser530과 4개의 접촉을 한다. LA는 사슬 길이가 짧아 탄소 수가 20인 기질과 달리 S형상의 구부림 없이 직접 활성부위로 뻗어있어 공간 확대를 가져오는 Ala로의 치환에는 영향을 받지 않지만, 공간 축소형인 S530T에서는 EPA와 마찬가지로 산소첨가 효율이 감소한다.

Leu534는 Ser530과 함께 소수성 측면 포켓을 위한 지면을 형성하여 기질의 ω말단과 안정화 접촉을 이룬다. Ala나 Val으로의 치환은 생성물 프로파일에서 PGG_2 대신 15-HPETE 분포의 증가를 가져온다. L534V는 LA와 같이 탄소 수 18인 기질의 산소첨가가 불가능하지만 L534A는 탄소수 18과 20을 구별하지 않는다. Phe205는 Phe209, Phe381과 함께 나선 17 위쪽으로 소수성 천정을 구성한다. 이들 잔기의 페닐 고리탄소는 아라키돈산의 C14-C20와 van der Waals 거리상에 있으며 ω말단의 안정화에 기여한다. EPA의 C17-C19, LA의 C14-C17 탄소가 소수성 천정의 Phe 곁사슬에 근접해 있다. 흥미롭게도 F205L는 EPA가 기질인 경우 V_{max}의 증가를 보인다. 이는 Phe205 곁사슬과 EPA의 C19 사이의 상호작용의 특성에 기인한 것으로, Leu 치환으로 C18-C20 탄소 상부공간의 확대로 C17/C18의 이중결합은 재배치되어 최적위치화에 추가적으로 기여하게 된다.

Endocannabinoids

2-Arachidonylglycerol (2-AG)는 cannabinoid 수용체인 CB1, CB2의 내인성 리간드로 PGHS-2에 의해 선택적으로 prostaglandin glycerol ester (PG-G)나 hydroxyeicosatetraenoic acid glyceryl ester (HETE-G)로 전환된다[11, 17, 18]. 2-AG도 아라키돈산 경우와 유사하다. PGHS의 기질이나 저해제의 결합 하단부에는 Arg120, Tyr355, 그리고 Glu524가 수소결합 네트워크에 참여하여 소위 긴축부위를 형성하며, 이들 잔기는 아라키돈산이나 산성 NSAID의 카복실기와의 결합에 관여한다[2, 4]. R120Q, E524L은 native에 비해 2-AG에 대해 10배 가까운 활성 감소를 보이지만, Y355F의 2-AG에 대한 활성은 native와 별다른 차이를 보이지 않는다. Arg120과 Glu524와는 달리 Tyr355의 역할은 크지 않은 것으로 보인다. PGHS-2와 2-AG의 결합 모델에서 수소결합 네트워크의 세 잔기와 2-AG의 glycerol 부분 사이는 거리적

제한이 있다[12]. 2-AG의 carbonyl 산소와 Arg120의 guanidinium 질소, Tyr355의 hydroxyl기와의 거리는 각각 3.3, 2.9Å 떨어져 있다. Glu524의 카복실기와 2-AG의 1차 알코올 사이도 비슷한 거리에 놓여있다. 2-AG와 측면포켓 잔기의 상호작용은 PGHS-2 선택적 저해제의 경우와 마찬가지로 2-AG의 동종효소 선택성에 영향을 미친다. PGHS-2 측면포켓은 PGHS-1의 Ile 대신에 Val523 잔기가 존재하여 생긴 추가적인 용매접근 가능지역으로 주요 COX 활성부위에서 벗어나 있다. Val523은 diarylheterocycle 계열 저해제의 PGHS-2 선택성을 결정하는 잔기로 부피가 큰 Ile로 치환한 경우 rofecoxib와 celecoxib의 저해에 저항적이지만, 2-AG 산소첨가 속도는 약간 감소한다. 근처에 있는 Arg513은 His 치환으로 2-AG 대사속도는 매우 감소한다. 2-AG가 기질인 경우 Val523보다는 Arg513이 동종효소 선택성에 더 큰 영향을 미친다.

Leu531은 측면포켓 건너편에 위치한다. 아라키돈산과 결합한 PGHS-1의 구조에서는 Leu531이 아라키돈산에서 van der Waals 거리보다 멀리 떨어져 있다. 잔기 531 소수성 곁사슬 길이 감소는 아라키돈산의 적정위치화에 영향을 끼쳐 산소첨가 속도가 감소한다. 2-AG와 결합할 때 측면포켓의 역할, 특히 Arg513과의 결합력 증가는 2-AG의 위치가 아라키돈산과 비교할 때, Leu531에서 더 멀리 떨어져 그 역할이 감소할 것으로 보인다. 소수성 부피의 감소 치환인 L531I, L531V, 그리고 L531A는 2-AG/아라키돈산 산소첨가 비율이 증가하는 점이 이를 뒷받침한다. 모델링에서도 2-AG의 C1과 Leu531이 근접한 메틸기 사이 거리가 7.3Å인데 반해, PGHS-1 Lue531 메틸기는 아라키돈산의 C1에서 4.6Å 떨어져 있다.

PGHS에 결합한 아라키돈산은 L자 형상으로 13proS 수소는 Tyr385에, ω말단은 Gly533에 근접해 있다. 2-AG 역시 아라키돈산과 유사한 패턴으로 두 잔기의 치환 G533V, Y385F는 활성소실을 초래한다. Ser530에 인접한 Ala527, Val349는 소수성 활성통로의 일부이며, 기질과는 van der Waals 거리이고, 아라키돈산 conformer 안정화, 고리화에 관여한다. A527V, V349I 치환은 native와 별다른 차이를 보이지 않지만, V349A, V349L은 단일 수산화된 생성물의 증가를 가져오며, HETE-G의 위치화학이 C11에서 C15로 전이된다. 아세틸화된 PGHS-2나 S530M 돌연변이는 아라키돈산으로부터 PGG_2 대신에 15-HETE를 생성한다. 2-AG에서는 C15이 선호되는 HETE-G 생성으로 아라키돈산과 유사하다. 아라키돈산과 2-AG 모두 아세틸화 또는 아세틸화 유사 환경에서는 적응된 conformer의 생성으로 C15의 산소첨가가 선택적으로 일어난다. 2-AG에서 비롯된 생성물의 입체화학적 특성은 아라키돈산 경우와 차이를 보이지 않는다. 전반적인 유사성을 보이지만, Arg513와의 상대적 위치가 동종효소 선택성을 나타내는 주요 인자인 것으로 보인다.

Arachidonylethanolamide (AEA, anandamide) 결합에 대한 이 잔기들의 영향은 아라키돈산이나 2-AG와 비교할 때, 부분적으로 차이점이 있다. Arg120은 AEA 산소첨가에 결정잔기로 작용하며, Tyr355는 결합에 참여하지 않는다. 2-AG의 산소첨가에 Glu524의 역할이 크지만, 아라키돈산이나 AEA에서는 상대적으로 덜하다. Gly533은 소수성 통로의 말단에 위치한다. G533V 치환은 수용공간의 부피를 감소시켜 산소첨가를 저해한다. Val349의 치환은 생성물 분포의 변화를 가져온다. V349A, V349L의 주요 생성물은 15-HETE-EA로 이는 아라키돈산이나 2-AG와 유사하다. 아세틸화된 PGHS-2, S530M도 위치화학 변화로 15-HETE-EA를 생산한다[12, 19, 20]. PGHS-2 측면포켓은 AEA의 동종효소 특이성에 관여한다. Val523의 역할은 미미하지만, Arg513은 2-AG 경우와 마찬가지로 동종효소 선택적 산소첨가에 결정잔기 역할을 수행한다. R513H 치환은 AEA 산소첨가 속도를 PGHS-1 수준으로 떨어뜨린다. 2-AG의 결합모델에서, 활성부위 내에서의 2-AG의 위치는 아라키돈산과 비교할 때 endocannabinoid glycerol alcohol과 Arg513 사이의 상호작용을 촉진하기 위한 위치이동이 관찰된다. 이 이동으로 측면포켓에는 더 근접하고, 반대편에 위치한 Leu531에서는 더 떨어진다. Leu531 치환 효과는 AEA나 2-AG 경우 아라키돈산보다 훨씬 경감된다. 제시된 모델에서는 Arg120과 Tyr355 사이에 amide carbonyl기가 존재한다[21]. Carbonyl 산소와 Arg120의 guanidinium 질소, Tyr355 수산기는 각각 3.1, 2.8 Å 떨어져 있다. AEA의 1차 알코올 산소와 Arg513 guanidinium 질소 간 거리는 3.1 Å으로 수소결합이 예측된다. 2-AG의 glycerol alcohol 산소와 Arg513 guanidinium 질소 사이 거리도 3.0 Å 내외이다. 이 수소결합력의 증대를 위해 AEA의 부분적인 위치이동이 발생하고 결과적으로 AEA의 carbonyl 탄소는 Leu531의 메틸기로부터 7 Å 벗어나 있다. 이는 아라키돈산의 C1이 Leu531에서 4.6 Å 거리를 유지하는 것과 대조적이다.

N-arachidonylglycine (NA-Gly)는 구조적으로 AEA와 유사하다. 이 lipoamino acid는 염증성 통증을 억제하기도 하며, PGHS-2의 발현이 높은 조직에서 상당 수준 존재한다[22, 23]. NA-Gly는 PGHS-2에 대해 선택적이며, COX 활성으로 PGH_2-Gly, HETE-Gly가 생성된다.

PGHS-2 기질로서의 촉매효율은 아라키돈산이나 2-AG보다는 낮지만, AEA에 비해서는 높다[24]. NA-Gly와 PGHS-2의 상호작용에는 COX 활성부위의 세 극성 잔기인 Arg120, Arg513, 그리고 Glu524가 관여한다. 측면포켓에 위치한 Arg513은 2-AG 경우와 같이 NA-Gly와의 결합에서 중요 결정 잔기로 작용한다. MD 시뮬레이션에서 NA-Gly의 carboxyl 그룹은 Arg513의 guanidinium 그룹과 이온결합을 형성하며, Arg120은 Glu524와 이온결합 거리에 위치한다. 이는 PGHS-2와 저해제인 zomepirac 유도체와의 결합모드 경우와 유사하다[4].

생산적 conformer

PGHS-1은 아라키돈산 기질로부터 주 생성물인 PGG_2 이외에 소량이지만 lipoxygenase 활성으로 11R-HPETE, 15-HPETE[49)]를 생성한다[25-27]. 이 monohydroperoxide는 endoperoxide 생성 실패에 따른 부산물로 여겨지며 생물학적 활성은 아직 밝혀지지 않았다. 이들 생성물의 K_m 값은 차이가 있으며, COX 활성부위 돌연변이인 PGHS-1 V349L의 경우에도 유사하다. COX 활성부위에 기질이 결합할 때 형성되는 conformer는 서로 다른 생성물에 상응하는 다양한 배열을 가질 수 있다. 이와 같은 배열은 명확하게 규명되지 않았지만 아라키돈산의 탄소 사슬 위치의 차이나 탄소 사슬과 활성부위 아미노산 잔기에서의 정전학적 모드의 미세한 다름일 가능성이 존재한다. 예를 들면, 아라키돈산의 C11에 대한 C9의 최적 위치를 갖는 conformer는 C9/C11 endoperoxide 구조를 형성하고 순차적으로 PGG_2에 도달하지만, C9와 C11 사이 거리가 최적이지 않은 경우, 중간체 11-peroxy 라디칼은 C9/C11 endoperoxide 형성보다는 오히려 11-hydroperoxide 형성을 선호한다. 서로 다른 PGHS-1 기질 복합체 존재는 PGHS-1이 기질과 결합하기 이전에 단일상태로 존재하지만 결합 후에 입체형태 변화가 일어나는 경우, 아니면 처음부터 PGHS-1이 여러 형태로 존재하고, 이들이 평형상태에 있는 경우를 예상해 볼 수 있다. PGHS-1의 경쟁적 저해제인 ibuprofen을 사용하여 결정된 IC_{50} 값[50)]은 서로 다른 생성물에 대해 동일하다[15].

---

49) 11-HPETE, 11-hydroperoxy-(5*Z*,8*Z*,12*E*,13*Z*)-eicosatetraenoic acid; 15-HPETE, 15-hydroperoxy-(5*Z*,8*Z*,11*Z*,13*E*)-eicosatetraenoic acid

50) Native인 경우 PGG_2, 11-HETE, 그리고 15-HETE에 대한 IC_{50}는 동일한 170 μM, V349L에서도 15 μM로 동일함.

Val349와 Trp387 잔기는 9,11-endoperoxide 그룹 형성을 유도하는 주요 잔기로 두 잔기를 치환한 V349A/W387F 돌연변이 효소는 11-HPETE이 주요 생성물이다. 이 사실은 V349A/W387F 효소의 COX 활성부위에 결합한 아라키돈산의 입체구조와 native 효소의 경우의 비교를 통해, 활성부위에 존재하는 conformer의 실체파악에 이용될 수 있다. Native 효소에서는 Trp387과 C11, C12의 상호작용이 보이지만 돌연변이 효소인 경우는 그렇지 않다 [28]. 이 상호작용은 C11/C12 결합의 배향을 제한하여 C11과 C9의 최적 위치화에 공헌하여 C-11에 산소첨가 후 11R-hydroperoxyl 그룹이 C-9의 R-쪽으로 이동하는 것을 돕는다. Phe로의 치환은 이와 같은 상호작용의 소실을 의미하며, 그로 인해 endoperoxide 생성에 유리한 위치화에 실패한 것으로 보인다. Val349 역시 아라키돈산의 C8-C13 부분의 배향에 영향을 미친다. Val349는 비교적 이 부분과 멀리 떨어져 있고 C3와 C4와 접촉하여 아라키돈산의 카복시 말단 (C1-C5)의 유연성을 제한한다. 하지만 Ala로 치환되면 C3, C4가 좀 더 자유롭게 회전할 수 있게 되고 이는 C5와 C6 사이의 이중결합의 위치 이동을 불러온다. 연쇄적인 변화가 아라키돈산의 C9-C12까지 전달되어 endoperoxide 생성에 불리한 conformer로 귀착된다.

PGG_2 결합패턴

PGHS-1의 POX 활성부위에 결합하는 PGG_2의 생산적 conformer의 구조가 분자 모델링을 통해 예측되었다[29]. 이 예상되는 배열에서 15-hydroperoxide 그룹의 말단산소 (O26)는 heme 철로부터 3.0 Å 떨어져 있다. 이는 결정구조에서 glycerol의 산소원자 사이의 거리와 일치하며,[51] Gln203 곁사슬 carbonyl 산소와는 수소결합 위치에 놓여있다. 15-hydroperoxide의 안쪽 산소 (O25) 역시 His207의 곁사슬 질소와 수소결합 거리에 있다. Gln203과 His207은 효소의 촉매활성에 중요 잔기로 알려져 있다[30]. PGG_2의 carboxyl 산소 (O22)는 Lys222의 양전하를 띤 질소, Lys215 및 Gly214의 골격 질소와 인접해 있으며, 다른 산소 (O21)은 Lys215와 Gly214의 골격 질소 근방에 위치한다. PGG_2의 9,11-endoperoxycyclopentane 고리는 heme의 두 propionate 곁사슬 사이에 삽입되고, C13-C15 탄소는 tetrapyrrole 평면과 평행관계에 있다. C2-C7 탄소는 Val291과 Lys211사이에, C16-C20은 Val291, Leu294,

51) Ovine PGHS-1의 POX 활성부위에 glycerol이 놓여 있는 결정구조가 docking 연구에 사용됨.

Phe409, 그리고 His274의 methylene 탄소를 포함하는 소수성 포켓에 존재한다. 철 이온과 Lys215, Lys222는 두 극성 고정점을 형성하며, 이와 적절한 결합을 위해 PGG_2의 구조는 확장형으로 hydroperoxide 산소 (O26)과 carboxylate 산소 (O22) 사이의 거리는 14 Å 내외이다. 15-hydroperoxide, His207, 그리고 Gln203로 형성되는 수소결합 네트워크는 물 분자가 이들 그룹과 동일 거리를 유지하기 위해 약간 수정된다. Gln203은 물 분자의 삽입을 허용하기 위해 뒤쪽으로 후퇴하여 기질과는 물 분자를 경유하는 상호작용을 형성한다. POX 촉매중심 부근에 물 분자의 고정화는 일반적으로 peroxidase가 지니는 내재적 구조 특성이며, 촉매 메커니즘이 catalase의 경우와 차이를 보이는 데 부분적으로 원인이 된다[31]. 물 분자와 15-hydroperoxide 산소는 heme 그룹의 철에 근접한 위치를 교대로 점하고 있다. 물 분자는 기질이 결합하기 전에 수소결합 네트워크에 의해 고정되어 있다가, 기질의 hydroperoxide 그룹과 교체되면 포켓에서 이탈되기보다, 오히려 Gln203 쪽으로 밀려나 Gln203의 위치이동과 더불어 수소결합 네트워크의 재배치를 강요하는 것으로 보인다. PGG_2의 산소(O26)과 물 분자는 MD 모의과정에서 His207과는 수소결합 거리를 견지하는 경향을 보인다. Lys215와 Lys222는 PGG_2의 carboxylate 그룹과 염다리를 형성하며 이는 기질 효소 결합의 결정인자로 작용하는 것을 암시한다.

PGHS-1 COX 활성부위의 Arg120은 기질 결합 결정인자로 알려져 있으며[32], 소수성 통로의 입구에는 기질을 활성부위로 유도하는 데 관여하는 양이온 전하 잔기 (Arg79, Arg83)가 풍부하다. 이와 유사한 역할을 Lys215와 Lys222이 POX 활성부위에서 담당한다. Lys215, Lys222에서는 예상되는 docking 에너지에 비례한 효소활성의 저하가 관찰된다. 단일 돌연변이에서는 native 효소와 별다른 차이를 보이지 않지만, 이중 돌연변이에서는 현저한 효소활성의 감소로 보아, PGG_2 기질과의 결합모드는 두 Lys 중에 한 잔기의 양이온 곁사슬이 PGG_2의 carboxylate 그룹과 상호작용을 하는 것을 예상할 수 있다. Lys211은 Lys215와 Lys222 사이에 위치하며, 이 잔기의 치환은 효소활성의 완전한 소실을 가져온다. 이는 리간드 결합의 변동에 기인하기보다는, 오히려 치환으로 인한 효소의 구조적 변형으로 보인다. Lys211은 나선 H2의 말단에 위치하고, 촉매적 잔기인 Gln203과 His207이 동일한 나선을 구성하며, 주위의 Asp236, Glu290의 곁사슬과 이온결합을 통해 효소의 구조적 안정성에 기여한다. 제안된 모델에서도 Lys211의 ammonium 그룹과 PGG_2의 carboxyl 그룹 사이의 질소-산소 거리가 8 Å

을 초과하는 점도 PGG_2와의 직접적인 접촉 가능성을 희박하게 한다.

참고문헌

1. Zeng, J. and R.E. Fenna, *X-ray crystal structure of canine myeloperoxidase at 3 A resolution*. J Mol Biol, 1992. **226**(1): p. 185-207.
2. Picot, D., P.J. Loll, and R.M. Garavito, T*he X-ray crystal structure of the membrane protein prostaglandin H2 synthase-1*. Nature, 1994. **367**(6460): p. 243-9.
3. Kurumbail, R.G., et al., *Structural basis for selective inhibition of cyclooxygenase-2 by anti-inflammatory agents*. Nature, 1996. **384**(6610): p. 644-8.
4. Luong, C., et al., *Flexibility of the NSAID binding site in the structure of human cyclooxygenase-2*. Nat Struct Biol, 1996. **3**(11): p. 927-33.
5. Seibold, S.A., et al., *Peroxidase activity in prostaglandin endoperoxide H synthase-1 occurs with a neutral histidine proximal heme ligand*. Biochemistry, 2000. **39**(22): p. 6616-24.
6. Tsai, A., et al., *Structural characterization of arachidonyl radicals formed by prostaglandin H synthase-2 and prostaglandin H synthase-1 reconstituted with mangano protoporphyrin IX*. J Biol Chem, 1998. **273**(7): p. 3888-94.
7. Malkowski, M.G., et al., *Structure of eicosapentaenoic and linoleic acids in the cyclooxygenase site of prostaglandin endoperoxide H synthase-1*. J Biol Chem, 2001. **276**(40): p. 37547-55.
8. Thuresson, E.D., et al., *Mutational and X-ray crystallographic analysis of the interaction of dihomo-gamma -linolenic acid with prostaglandin endoperoxide H synthases*. J Biol Chem, 2001. **276**(13): p. 10358-65.
9. Kiefer, J.R., et al., *Structural insights into the stereochemistry of the cyclooxygenase reaction*. Nature, 2000. **405**(6782): p. 97-101.
10. Kozak, K.R., et al., *Metabolism of prostaglandin glycerol esters and prostaglandin*

ethanolamides in vitro and in vivo. J Biol Chem, 2001. **276**(40): p. 36993-8.

11. Kozak, K.R., S.W. Rowlinson, and L.J. Marnett, *Oxygenation of the endocannabinoid, 2-arachidonylglycerol, to glyceryl prostaglandins by cyclooxygenase-2*. J Biol Chem, 2000. **275**(43): p. 33744-9.
12. Kozak, K.R., et al., *Amino acid determinants in cyclooxygenase-2 oxygenation of the endocannabinoid 2-arachidonylglycerol*. J Biol Chem, 2001. **276**(32): p. 30072-7.
13. Thuresson, E.D., et al., *Prostaglandin endoperoxide H synthase-1: the functions of cyclooxygenase active site residues in the binding, positioning, and oxygenation of arachidonic acid*. J Biol Chem, 2001. **276**(13): p. 10347-57.
14. Malkowski, M.G., et al., *The productive conformation of arachidonic acid bound to prostaglandin synthase*. Science, 2000. **289**(5486): p. 1933-7.
15. Thuresson, E.D., K.M. Lakkides, and W.L. Smith, *Different catalytically competent arrangements of arachidonic acid within the cyclooxygenase active site of prostaglandin endoperoxide H synthase 1 lead to the formation of different oxygenated products*. J Biol Chem, 2000. **275**(12): p. 8501-7.
16. Laneuville, O., et al., *Fatty acid substrate specificities of human prostaglandin-endoperoxide H synthase-1 and -2. Formation of 12-hydroxy-(9Z, 13E/Z, 15Z)-octadecatrienoic acids from alpha-linolenic acid*. J Biol Chem, 1995. **270**(33): p. 19330-6.
17. Yu, M., D. Ives, and C.S. Ramesha, *Synthesis of prostaglandin E2 ethanolamide from anandamide by cyclooxygenase-2*. J Biol Chem, 1997. **272**(34): p. 21181-6.
18. Kozak, K.R., et al., *Metabolism of the endocannabinoids, 2-arachidonylglycerol and anandamide, into prostaglandin, thromboxane, and prostacyclin glycerol esters and ethanolamides*. J Biol Chem, 2002. **277**(47): p. 44877-85.
19. Lecomte, M., et al., *Acetylation of human prostaglandin endoperoxide synthase-2 (cyclooxygenase-2) by aspirin*. J Biol Chem, 1994. **269**(18): p. 13207-15.
20. Rowlinson, S.W., et al., *Spatial requirements for 15-(R)-hydroxy-5Z,8Z,11Z, 13E-*

eicosatetraenoic acid synthesis within the cyclooxygenase active site of murine COX-2. Why acetylated COX-1 does not synthesize 15-(R)-hete. J Biol Chem, 2000. **275**(9): p. 6586-91.

21. Kozak, K.R., et al., *Amino acid determinants in cyclooxygenase-2 oxygenation of the endocannabinoid anandamide*. Biochemistry, 2003. **42**(30): p. 9041-9.
22. Burstein, S.H., et al., *Oxidative metabolism of anandamide*. Prostaglandins Other Lipid Mediat, 2000. **61**(1-2): p. 29-41.
23. Huang, S.M., et al., *Identification of a new class of molecules, the arachidonyl amino acids, and characterization of one member that inhibits pain*. J Biol Chem, 2001. **276**(46): p. 42639-44.
24. Prusakiewicz, J.J., et al., *Selective oxygenation of N-arachidonylglycine by cyclooxygenase-2*. Biochem Biophys Res Commun, 2002. **296**(3): p. 612-7.
25. Hamberg, M. and B. Samuelsson, *On the mechanism of the biosynthesis of prostaglandins E-1 and F-1-alpha*. J Biol Chem, 1967. **242**(22): p. 5336-43.
26. Hecker, M., et al., *Identification of novel arachidonic acid metabolites formed by prostaglandin H synthase*. Eur J Biochem, 1987. **169**(1): p. 113-23.
27. Xiao, G., et al., *Analysis of hydroperoxide-induced tyrosyl radicals and lipoxygenase activity in aspirin-treated human prostaglandin H synthase-2*. Biochemistry, 1997. **36**(7): p. 1836-45.
28. Harman, C.A., et al., *Crystal structure of arachidonic acid bound to a mutant of prostaglandin endoperoxide H synthase-1 that forms predominantly 11-hydroperoxyeicosatetraenoic acid*. J Biol Chem, 2004. **279**(41): p. 42929-35.
29. Chubb, A.J., et al., *The productive conformation of prostaglandin G2 at the peroxidase site of prostaglandin endoperoxide H synthase: docking, molecular dynamics, and site-directed mutagenesis studies*. Biochemistry, 2006. **45**(3): p. 811-20.
30. Landino, L.M., et al., *Mutational analysis of the role of the distal histidine and*

glutamine residues of prostaglandin-endoperoxide synthase-2 in peroxidase catalysis, hydroperoxide reduction, and cyclooxygenase activation. J Biol Chem, 1997. **272**(34): p. 21565-74.

31. Jones, P., *Roles of water in heme peroxidase and catalase mechanisms*. J Biol Chem, 2001. **276**(17): p. 13791-6.
32. Rieke, C.J., et al., *The role of arginine 120 of human prostaglandin endoperoxide H synthase-2 in the interaction with fatty acid substrates and inhibitors*. J Biol Chem, 1999. **274**(24): p. 17109-14.

VI. PGHS 저해제 결합 모드

저해제 결합

효소와 저해제의 결합은 다단계에 걸쳐 진행된다. Aspirin[52)]은 PGHS-1과 PGHS-2에 대해 비가역적, 시간-의존적으로 불활성화시키는 공유결합성 물질이다. 다른 NSAID는 대조적으로 비공유성을 띠며 다양한 동종효소 선택성을 가진다. Ibuprofen[53)], mefenamic acid[54)]는 저해양상이 경쟁적이며, 빠른 가역성을 보인다. 하지만 flurbiprofen[55)], meclofenamic acid[56)]는 시간의존적이며, 기능적으로 비가역성을 나타내며 2단계 모델에 적합하다. 초기 급속한 가역적 결합에 이어 시간에 의존하는 비가역적 효소-저해제 복합체 형성으로 요약된다. Diclofenac[57)], indomethacin은 2단계 메기니즘으로, celecoxib와 같은 diaryl heterocycle세는 3단계 메커니즘으로 저해양상이 설명된다. 결합된 저해제의 해리속도의 차이는 COX 저해제의 효능과 선택성의 주요 결정인자로 시간의존성의 분자적 기반을 이룬다.

시간 의존적 저해를 보이는 aspirin은 PGHS와의 초기 결합에서 비교적 높은 해리상수를 보인다. Aspirin은 PGHS의 특정위치에 아세틸 그룹을 전달한다. 이 과정은 기질인 아라키돈산의 존재로 약화되며, PGHS S530A 돌연변이는 아세틸화와 시간의존적 저해에 저항적이다. COX 활성부위에 대해 aspirin은 낮은 친화도[58)]를 보이지만, Ser530의 아세틸화는 일단 결합하면 빠르게 진행되며, 아세틸화된 serine은 가수분해에 대해 안정적이다. 2-

---

52) 2-(acetyloxy)benzoic acid

53) 2-[4-(2-methylpropyl)phenyl]propanoic acid

54) 2-(2,3-dimethylphenyl)aminobenzoic acid

55) 2-(3-fluoro-4-phenylphenyl) propanoic acid

56) 2-(2,6 dichloro-3-methylphenyl) aminobenzoic acid

57) 2-[(2,6-dichlorophenyl)amino]benzeneacetic acid

58) K_I = 20 mM

Bromoacetoxybenzoic acid와 반응한 PGHS-1의 결정구조는 Ser530 수산기에 bromoacetyl group의 첨가를 보여준다[1]. Aspirin의 carboxyl기는 Ser530 아래에 위치한 Arg120과 이온결합을 형성한다. Arg120의 치환 (Gln, Ala)은 aspirin에 의한 아세틸화의 현저한 감소를 가져온다. Aspirin 유사체 중의 하나인 *O*-acetylsalicylhydroxamic acid는 Ser530을 아세틸화하며, Arg120과 수소결합을 형성한다[2]. COX 활성부위에 위치한 아세틸기의 산소는 Tyr385의 페놀 그룹과 수소결합 이룬다. Tyr385의 치환은 아세틸화 효율을 90% 이상 저하시킨다. Tyr385는 aspirin에 의한 Ser530 아세틸화의 주요 결정잔기로, 아세틸화 과정에서 형성되는 중간체의 음이온 전하를 안정화시키는 데 기여한다.

Indomethacin이나 arylacetic acid 유도체는 prostaglandin 합성에 대해 시간과 농도 의존적 저해양상을 보인다. Flurbiprofen과 마찬가지로 2단계 결합모드를 따르며, PGHS-1과의 단단한 결합에 indomethacin의 carboxyl기가 참여한다. 이 carboxyl기가 methyl ester로 바뀌면 PGHS-1에 대한 저해양상은 시간의존적에서 단순 가역적으로 전환된다. PGHS-2에서는 결합세기는 약화되지만, 시간의존성은 사라지지 않는다[3].

Phenylpropionic acid 계열의 naproxen[59)]은 PGHS에 대해 혼합형 저해양상을 보인다. 이 저해양상의 특징은 효소활성이 초기단계에 시간 의존적으로 소실되지만 완전소실에는 도달하지 않는, 느리고 가역적인 약한 결합이다. 이 물질은 저용량 aspirin의 항혈소판 효과를 모방할 수 있는 가능성으로 주목을 받고 있다[4].

Arylpropionic과 arylacetic acid 계열의 저해제가 보이는 시간의존성의 분자적 접근은 이들 저해제와 PGHS의 결합 결정구조 비교를 통해 시도되었다[5]. 경쟁적 저해제인 ibuprofen과 methyl flurbiprofen, 시간 의존성을 나타내는 flurbprofen과 alclofenac[60)]은 유사한 결합 패턴을 보여준다. 저해제의 carboxyl기는 Arg120, Tyr355와 이온결합이나 수소결합을 형성한다. Indomethacin과 PGHS-2의 결합 결정구조에서는 *p*-chlorobenzoyl 그룹이 활성통로 내부로 향하고 있으며, 염소원자는 Leu384와, benzoyl 산소는 Ser530과 상호작용을 이룬다[6]. Benzoyl 그룹 자체는 Leu384, Tyr385, Phe381, 그리고 Trp387과 소수성 상호작용으로 안정화된다. *O*-methoxy 그룹은 Ser353, Tyr355, 그리고 Val523에 의해 제공되는 비교적 큰

---

59) (S)-6-methoxy-α-methyl-2- naphthaleneacetic acid

60) 2-(4-(allyloxy)-3-chlorophenyl)ethanoic acid

구멍으로 돌출되어 있다. Indole 고리는 Val349와 상호작용을 하며, 2′-methyl 그룹은 Val349, Ala527, Ser530, 그리고 Leu531로 구성된 '소수성 포켓' 쪽으로 뻗어 있다. Val349 치환은 2′-methyl 그룹과의 상호작용에 직접적인 영향을 미친다. V349A 돌연변이의 indomethacin에 대한 해리상수는 native보다 4배 감소하지만, V349L은 반대로 3배 증가한다. 아울러 V349L은 저해양상이 단순가역적으로 전환된다. 2′-Methyl 그룹과 소수성 포켓 사이의 상호작용은 시간의존적 저해모드와 깊은 관련이 있는 것으로 보인다.

Diclofenac은 indomethacin과 달리 Arg120, Tyr355의 치환에 별다른 영향을 받지 않는다. R120A, Y355F의 IC_{50} 수치는 native와 유사하지만, S530A는 큰 차이를 보인다[7].[61] 많은 NSAID의 carboxyl 그룹이 Arg120과 결합하고, 나머지 방향족 그룹은 활성부위 중앙을 향하고 있지만, diclofenac 은 역으로 carboxyl 그룹이 Ser530, Tyr385와 수소결합을 형성한다. Phenylacetic acid 고리는 Tyr385, Trp387, Leu384, 그리고 Leu352에 둘러싸여 있으며, dichlorophenyl 그룹은 Val349, Ala527, Leu531, 그리고 Val523과 van der Waals 접촉을 이룬다. Tyr355와 Arg120이 diclofenac과의 결합에 참여하지 않는 독특한 모드는 PGHS-2와 아라키돈산의 결합구조의 한 형태와 유사하다.[62] Diclofenac 유사체인 lumiracoxib[63]도 PGHS-2와의 결합에서 diclofenac[64]에서 보이는 결합 형태가 관찰된다[8]. Carboxyl 그룹은 Ser530, Tyr385와 수소결합을 형성하며, phenylacetic acid 고리의 메틸 그룹은 Leu384 근처의 작은 홈을 향하고 있다. PGHS-1에서는 503, 525 위치에 부피가 큰 잔기가 위치하여 lumiracoxib의 메틸 그룹과 Leu384의 곁사슬이 상충된다. 이는 lumiracoxib가 PGHS-2 선택적 저해를 보이는 주요 결정인자로 간주된다.

Diaryl heterocycle 계열 저해제의 근원은 오래된 COX 저해제인 phenylbutazone으로 거슬러 올라간다. Phenyl butazone, oxyphenylbutazone[65], 그리고 oxaprozin[66]은 항염증 및 진통제로 개발되었다. 중앙 heterocycle 고리의 변형인 Dup 697은 활성화된 대식세포의

61) Native, 77 nM; R120A, 257 nM; Y355F, 137 nM; S530A, >50 ?M

62) Arachidonic acid의 비생산적 conformer로 여겨짐.

63) 2-[2-(2-chloro-6-fluoroanilino)-5-methylphenyl]acetic acid

64) 2-[2-(2,6-dichloroanilino)phenyl]acetic acid

65) 4-butyl-1-(4-hydroxyphenyl-2-phenyl-3,5-pyrazolidinedione

66) 3-(4,5-diphenyl-1,3-oxazol-2-yl)propanoic acid

COX 활성은 억제하지만, 혈소판의 COX 활성에는 영향을 주지 못한다. 이 사실은 PGHS 두 동종효소의 다양한 연구로 이어졌다. PGHS-1/PGHS-2 구조비교에서 PGHS-2의 Val523은 주목할 만하다. PGHS-2 특이적 잔기로 Ser530의 반대쪽 벽이 위치하여 NS398와 같은 PGHS-2 선택적 저해제와 상호작용을 한다. PGHS-2의 선택적 저해제인 NS398, nimesulide, DuP697, 그리고 SC58125[67]에 대한 Val523 치환효과 분석은 시간의존적 저해 모드의 이해에 도움을 준다[9]. Ala으로 치환한 경우 PGHS-2에 대한 시간의존적 저해 현상은 그대로 유지되지만, V523E, V523I, V523K는 PGHS-1과 마찬가지로 저해 정도가 시간에 무관한 단순 가역적 저해양상으로 전환된다. Val523 돌연변이는 저해제나 기질과의 결합을 유지하고, 다만 시간의존적 저해모드만 결여된다. 따라서 Val523은 초기 저해제 결합시기에는 별다른 역할을 하지 않지만, 구조적 변형을 동반하는 이후 과정에서 중요한 역할을 담당하는 것으로 보인다.

PGHS-2의 결정구조는 PGHS-1과 비교할 때, 활성부위의 부피와 형상에서 현저한 차이를 보인다. Celecoxib 유사체인 SC-558[68]의 sulfonamide 그룹은 Val523 근처의 측면포켓과 결합한다[6]. PGHS-2 Arg513은 측면포켓에 양전하를 제공하며, His192와 함께 SC-558의 sulfonyl 산소와 수소결합을 형성한다. Sulfonamide의 질소는 Phe518의 골격 carbonyl 산소와 수소결합을 형성한다. Bromophenyl 고리는 Ser530, Leu359, Trp387, Tyr385, Leu384, 그리고 Phe381로 구성된 소수성 구멍과 결합하며, pyrazole 고리의 trifluoromethyl 그룹은 Met113, Val116, Val349, Tyr355, Leu359, 그리고 Leu531로 형성되는 작은 포켓과 결합한다.

시간의존적 PGHS 저해제의 작용기전은 가역적이고 느린 결합에 있다. 저해제는 PGHS와 결합하여 초기 효소-저해제 복합물 (EI)을 형성하고, 이 복합물은 또 다른 효소-저해제 복합물 (EI*)과 느린 평형관계를 가진다. 이 반응속도론에서는 두 평형요소, 즉 효소에 대한 기질과 저해제의 분자 간 평형과 효소-저해제 복합물의 분자 내 평형이 서로 경쟁하게 된다. 생성물 형성속도에 비해 두 복합물 (EI, EI*)내의 평형속도가 증가하면 느린 결합저해 현상을 관찰할 가능성이 줄어든다. Tyr355는 기질이나 저해제와의 상호작용, 효소 내의 수소결합 네트워크를 통해서 잠재적으로 시간의존적 저해나 알로스테리 활성화에 참여할 수 있다[10]. PGHS-2

67) 5-(4-fluorophenyl)-1-(4-(methylsulfonyl)phenyl)-3-(trifluoromethyl)-1*H* pyrazole

68) 4-(5-(4-bromophenyl)-3-(trifluoromethyl)-1*H*-pyrazol-1-yl)benzensulfonamide

구조에서는 기질 결합부위 입구에 적어도 두 개의 가능한 수소결합 배열 (Arg120/Glu524/Tyr355와 Arg513/Glu524/Tyr355)을 발견할 수 있다. 이 두 배열이 효소의 완화된 (R)-상태와 긴축 (T)-상태와 깊은 연관이 있어 기질이나 저해제와의 상호작용을 조절하는 것으로 보인다. 아라키돈산의 ethanolamide 유도체인 anadamide가 기질로 사용되는 경우 촉매를 위한 자유에너지는 아라키돈산 경우보다 증가하게 되고, 느린 촉매속도로 인해 알로스테리 활성화 관찰 가능성이나 시간의존적 저해현상은 줄어들게 된다.

PGHS-2 선택적 저해제인 SC299[69]는 방향족 고리에 sulfonamide기를 갖는 diarylheterocycle 계열이다. Sulfonamide기는 PGHS-2에만 존재하는 '측면포켓' 에 삽입된다. 흥미롭게도 형광 소광 분석에서는 SC299가 PGHS-1을 저해하지 않지만 PGHS-1에도 시간의존적으로 결합하는 모습을 보여준다[11]. 첫 번째 2분자 반응에 이어 두 번째 단 분자 반응으로 구성되는 2단계 모델이 적용될 수 있으며 COX 활성에 영향을 주지 않는 이유는 두 반응 모두 결합과 해리가 빠른 속도로 진행되기 때문이다. PGHS-2와의 결합에서는 세 번째 단분자 반응이 추가된 3단계 모델로 설명된다. Valdecoxib[70]와 celecoxib[71]의 저해모드 역시 위의 3단계 모델에 적합하다. 마지막 단분자 반응에서 해리속도의 현저한 차이로 PGHS-2 선택성에 대한 설명이 가능하다.

Ibuprofen, methyl flurbiprofen, alclofenac, 그리고 flurbiprofen

NSAID의 저해모드는 다양하다. Ibuprofen이나 methyl flurbiprofen은 전형적인 시간-독립적 경쟁적 저해제로 가역적인 효소-저해제 복합체(EI)[72]를 형성한다. 이와 달리 Alclofenac이나 flurbiprofen은 시간 의존적으로 초기에 가역적 복합체가 형성되고, 이어 점진적으로 비활성형 (EI*)으로 전환되는 느리고 강한 결합양식을 보인다[12, 13]. 이들 저해제와 PGHS-1의 결합구조 분석은 저해모드의 구조적 측면에 관한 정보를 제공한다[5]. 저해제들은 모두 PGHS-1 활성부위에 결합하며, 공통적으로 phenylacetic acid 구조를 기반으로 carboxy 말단

69) 4-(2-methyl-4-phenyloxazol-5-yl)benzenesulfonamide
70) 4-(5-methyl-3-phenylisoxazol-4-yl)benzenesulfonamide
71) 4-[5-(4-methylphenyl)-3-(trifluoromethyl)-1*H*-pyrazol-1-yl] benzensulfonamide
72) $E + I \leftrightarrow EI \leftrightarrow EI^*$

의 치환, α-methyl기의 존재 여부의 구조적 차이를 가지고 있다. 하지만 이러한 차이와 무관하게 저해제의 carboxyl 그룹은 동일한 위치에서 극성 상호작용 네트워크에 참여한다. 이 네트워크에는 저해제와 Arg120사이의 수소결합, Arg120과 Glu524와의 염다리, 고정적 물 분자와 Tyr355의 페놀 수산기가 참여하는 수소결합이 포함되어 있다. Carboxyl 그룹의 메틸화는 이 메틸기가 Leu531 곁사슬 쪽으로 지나친 근접을 유발하므로, 이를 완화시키기 위해 첫 번째 페닐 고리를 연결하는 결합의 회전이 관찰된다.

저해제의 carboxyl 그룹 근처에 위치한 His90, Arg120, Tyr355, 그리고 Glu524의 곁사슬은 활성통로의 긴축부를 형성하여 저해제를 정해진 자리에 고정시키는 역할을 한다. 수소결합 네트워크의 와해와 재배치는 시간-의존적 특성, 느리고 단단한 결합양식을 결정하는 인자로 인식되고 있으나, 이들 저해제의 carboxyl 그룹 근처 환경은 크게 다르지 않다. Carboxyl 그룹의 반대쪽에 위치한 페닐 고리의 치환 부위는 현저한 차이가 있다. 저해제의 원위 영역에는 Leu352, Tyr385, Trp387, Tyr348, Phe518, Gly526, 그리고 Ser530로 구성된 '소수성 공간'가 존재한다. 이 공간은 리간드보다는 규모가 커서, ibuprofen의 원위 말단의 어느 원자도 PGHS와 van der Waals 접촉 거리상에 있지 않다. 다른 저해제는 ibuprofen보다는 약간 큰 부피를 가져, 일부 van del Waals 접촉이 분자의 말단부위에서 가능하지만, 나머지 부분은 ibuprofen과 마찬가지고 자유로운 상태이다.

Flurbiprofen과 methyl flurbiprofen의 첫 번째 페닐 고리에 위치한 불소원자는 Leu352, Phe518, 그리고 Ile523의 곁사슬로 이루어진 '소수성 틈새'로 돌출되어 있다. 두 번째 페닐 고리는 Leu352와 ser530의 곁사슬을 따라 Gly522의 골격에까지 이어진다. 이 페닐 고리 상부에는 Phe381, Leu384, Tyr385, 그리고 Trp387 곁사슬로 구성된 PGHS-1 활성부위 지붕이 위치한다. Ibuprofen의 isobutyl 치환기는 flurbiprofen이나 methyl flurbiprofen의 두 번째 페닐 고리와 동일한 장소에 위치한다. Alclofenac은 phenylacetic acid 구조에 α-methyl 치환기가 없어 α-탄소가 Leu359에 쉽게 접근할 수 있다. 결과적으로 alclofenac의 염소원자는 '소수성 틈새'에 깊이 삽입된다. 이들 저해제의 위치화의 차이는 그다지 크지 않으므로 PGHS-1는 입체형태 변화없이 이를 수용할 수 있다. 즉 1차적 통과구간인 Arg120-Tyr355을 지난 저해제는 상대적으로 넓은 '소수성 공간'에서 별다른 크기 제한을 경험하지 않는다. Ser530의 곁사슬은 flurbiprofen의 원위 페닐 고리와 가깝다. 수산기의 산소와 방향족 고리의 중심과의 거리는 3.4Å으로 수소결합이 가능하다. Ibuprofen은 원위 고리의 부재로 수소결합은 존재하지 않으며, alclofenac은 잠재적으로 Ser530과 수소결합에 참여할 산소를 가지고 있지만, allyl 그룹의 위치는 잠재적 수소결합을 선호하지 않는다.

이들 저해제의 복합체에서 모두 질서정연한 물 분자 배열이 PGHS-1 통로에서 관찰된다 [5]. His90의 곁사슬과 Tyr355 페놀 수산기의 가교에 위치한 물 분자는 추가적인 물 분자를 매개로 Glu524와 수소결합 네트워크를 형성한다. 이 물 분자는 PGHS-1 통로 긴축부의 구조적 완전성에 중요한 요소로 작용한다. COX 통로 상부에서 발견되는 물 분자는 Ser530, Tyr385와 수소결합을 형성한다. 이 물 분자의 촉매역할 가능성은 희박하지만 Ser530, Tyr385 주위환경이 극도의 소수성임을 고려하면 물 분자는 수소결합의 매개자로 구조적 안정성에 기여하는 것으로 보인다. 이 물 분자는 좁은 용매통로를 거쳐 효소 표면에 이르는 것으로 보아 일종의 안전밸브로 작용하여 기질이 MBD를 거쳐 활성부위에 진입하면 효소 외부로 배출되는 것을 예상해 볼 수 있다. 저해양상이 전혀 다른 저해제의 결합구조의 유사성은 시간 의존적 저해원인이 전반적인 입체형태 차이에 기인한다는 이론에 의문을 제기한다. 오히려 EI와 EI* 상태 전환 속도와 촉매속도 사이의 경쟁에서 유래되는 결과를 원인으로 볼 수도 있나. 이 전환 속도의 효율은 저해제가 Arg120과 Tyr355를 둘러싼 수소결합 네트워크를 교란하는 차이에 의해 결정된다고 볼 수 있다.

Indomethacin과 indomethacin 유도체

Indomethacin은 전형적인 시간-의존적 비가역적 저해제로 저해시간이 경과함에 따라 느리고 단단한 결합양상을 보인다. PGHS-2와의 결합 결정구조에서 indole 고리의 2′-methyl기는 PGHS-2 활성부위의 '소수성 포켓' 에 삽입되어 있다[6]. 이 포켓은 Val349, Ala527, ser530, 그리고 Leu531로 구성되어 있으며 두 동종효소 모두에서 잘 보전되어 있다. Val349의 돌연변이에 의한 크기의 변경은 저해속도와 양상에 큰 영향을 미친다. V349L은 부피 증가로 indomethacin 저해 민감성이 약화되며, V349A는 예상대로 native 효소보다 더 민감하다. Ile로의 치환은 V349L과는 반대 성향을 보인다. 선호되는 rotomer에서 곁사슬의 메틸기가 소수성 포켓으로부터 벗어나는 회전으로 indomethacin 2′-methyl기와 native나 V349A와의 유사한 상호작용이 수용되는 것으로 보인다. Indomethacin에서 2′-methyl기의 제거 (DM-indomethacin)로 저해 효능의 현저한 감소와 더불어 기능적으로 비가역성이 소실된다[14]. PGHS-1의 경우 DM-indomethacin에 의해 거의 저해 받지 않는다. 하지만 2′-methyl기가 시간의존성의 유일한 결정요소로 작용하지는 않는다. Indoleacetic acid의 carboxyl 기나 *p*-chlorobenzoyl 기의 할로젠 원자의 결합도 COX 활성 저해에 기여한다. Carboxyl 기의 에스테르화나 아미드화는 저해제의 제해모드를 PGHS-1에 대해서는 약한 가역적 저해양상으로 바꾸지만 PGHS-2에 대한 시간의존적 저해성을 제거하지는 않는다[15]. Indomethacin amide나 ester의 저해성은 Tyr355, Glue524의 치환으로 상실되지만, indomethacin은 Tyr355, Arg120로 치환된 PGHS-2를 저해하지 않는다.

Indomethacin은 구조적 변경으로 선택적 PGHS-2 저해제로 특성이 전환된다[3, 15]. NSAID의 carboxyl기는 PGHS-1의 Arg120과 이온결합을 형성하며, 이는 저해작용의 결정인자이지만, PGHS-2에서는 Arg120와의 이온결합은 그 역할이 현저히 경감된다. 아라키돈산의 ethanolamide 유도체인 anandamide가 PGHS-2에 특이적 기질인 점도 같은 맥락이다. Indomethacin amide는 PGHS-2 저해제로 2단계 반응속도 메커니즘을 따르며 느리고 단단한 결합양상을 보인다. Diarylheterocycle 계열 저해제와 비교할 때, indomethacin amide는 저해작용 속도가 상당히 느리다. PGHS-2와의 개시 결합의 느림은 두 PGHS 동종효소 간에 경쟁성의 완벽한 소실을 가져온다. 일부 diarylheterocycle 계열에서는 PGHS-1에 대한 경쟁적 저해가 관찰되고 이는 *in vivo* 적용 시 제한적 요인으로 작용한다. Arg120 치환은 indomethacin amide의 저해작용에 아무런 영향을 주지 않는다. 대신에 Y355, E524 잔기에 의존적이다. Indomethacin은 Arg120에 대해서는 의존적이며, Y355F 돌연변이 효소는 indomethacin에 의해 저해되지 않는다. Diarylheterocycle 계열의 선택성에 관여하는 일부 잔기들이 indomethacin amide에서는 큰 역할을 담당하지 않는다. PGHS-2 저해제로서의 효능은 3차 amide보다는 1차, 2차 amide 유사체에서 높다. Dialkyl, cycloalkyl amide나, pyridyl 유도체들은 PGHS-2 저해성을 보이지 않는다. 결합의 중요인자로 amide 질소와 PGHS 사이에 수소결합이 작용하는 것으로 보이며, Tyr355, Glu524가 유력한 후보 잔기로 예상된다.

PGHS-2의 Leu503은 4-chlorobenzoyl기와, 치환된 amide기는 Y355, E524와 상호작용

을 한다. PGHS-1에서는 잔기 503 자리에 Phe가 위치하며, 이 차이는 indomethacin amide의 PGHS-2 선택성에 중요하다. 4-chlorobenzoyl 기를 4-bromobenzyl 기로, indole 고리의 2-methyl 기를 제거하는 변형은 저해제의 불활성을 가져온다. Indomethacin 부분은 COX 활성부위 내에 존재하지만, amide 쪽은 활성부위 기저의 긴축부를 향하고 있으며, MBD의 넓은 로비지역에 이른다. Carboxyl 사슬이 확장된 zomepirac과 PGHS-2가 결합된 결정구조에서도 유사한 배치를 보여준다[16].

이 로비지역은 PGHS-1에서도 존재하지만 잔기서열이 동종효소 특이적이며, 이 특징이 indomethacin amide의 선택성에 공헌한다. 긴축부를 구성하는 triad 잔기는 리간드와의 결합시, 상당한 재배열을 경험한다. Glu524는 Arg120 대신에 Arg513과 수소결합을 이루며, Arg120의 곁사슬은 회전이 긴축부에서 멀어지는 쪽으로 진행되어 Glu524, Phe470이 골격 carbonyl과 수소결합을 이룬다. 이 재배열로 Arg120을 포함하는 MBD의 나선 D는 부분적인 풀림이 발생하고, Arg120의 α-탄소는 활성부위에서 2.3 Å 이동하게 된다. 결과적으로 PGHS-2의 결합 포켓은 현저히 확장하게 된다. PGHS-1에서는 513 자리에 His 잔기가 존재하여, PGHS-2와 유사한 재배열을 예상하기 힘들고, 이 변화의 차이는 부피가 큰 indomethacin amide가 indomethacin과 달리 PGHS-2 선택성을 보여주는 원인으로 작용한다.

α-치환형 indomethacin ethanolamide의 경우에는 대부분의 ethanolamide와 현저하게 다르다[17]. α-(R)-alkyl indomethacin ethanolamide는 선택적 PGHS-2 저해제이지만, α-(S)-alkyl indomethacin ethanolamide는 두 동종효소에 대해 저해정도의 차이를 보이지 않는다. PGHS-1 긴축부의 배열이 리간드 결합 후에도 별다른 변화를 겪지 않는다면 두 이성체의 결합모드의 차이를 설명할 수 있다. 치환형 indomethacin amide의 곁사슬은 Glu524, Arg120, 그리고 Tyr355로 구성된 수소결합 네트워크, 그리고 로비지역의 Pro86, Ile89, Leu93, 그리고 Val116 잔기와 소수성 상호작용을 경험하게 된다. 이 과정에서 수소결합과 van der Waals 상호작용을 이루기 위해 (R)-이성체는 (S)-이성체보다 에너지적으로 경직된 입체형태를 선택하게 된다. 리간드 구조의 작은 변화가 COX와 전혀 다른 결합배향을 유발할 수 있다. Diclofenac 저해제는 PGHS-2와의 결합에서 carboxyl 기가 Arg120 대신에 Ser530, Tyr385와 상호작용을 이룬다. 이와 같은 배향을 indomethacin ethanolamide에 적용하는 경우, 공간적인 중첩으로 가져온다. Indomethacin과 동일한 배열에서는 부분적으로 비우호적인 상호작

용이 관찰된다. Indole 고리 중앙의 배치는 활성부위에 적합하지만 ethanloamide의 곁사슬과 Arg120과의 상호작용에서 발생하는 비우호적 결합은 리간드가 로비지역으로 1 Å 위치이동을 하게 되면 해소될 수 있다. PGHS-2 활성부위에 결합한 flurbiprofen이나 zomepirac amide 유도체 결정구조에서도 상응하는 위치이동이 관찰된다[16].

비교적 작은 사슬성 곁사슬 치환기를 가진 (S)-이성체는 PGHS-1에 의해 결합 수용이 가능하다. Pro86, Ile89, Leu93, Val116, 그리고 Tyr355로 구성되는 작은 '소수성 포켓'은 이 치환기가 위치하는 로비지역에 존재한다. 이 포켓의 수용 부피는 제한적이기 때문에 메틸, dimethyl기는 적합하지만, 페닐기는 상호작용에 제한을 받는다. (R)-이성체에서도 낮은 에너지의 conformer가 로비지역에 적절한 배치를 가지는 점은 ethanolamide 곁사슬 치환기에 대한 크기 제한성을 설명하는 모델이 입체화학적 특이성까지 설명하기에는 미흡함을 보여준다. 효소-리간드 결합에서 물 분자의 역할도 특기할 만하다. 시뮬레이션과정에서는 결정구조에서 보이는 물 분자의 위치이동이 관찰된다. 효소-리간드 복합체의 구조적 역할을 담당하는 두 물분자 중의 하나는 Glu524 골격 carbonyl 산소, Arg120 guanidinium 곁사슬과 수소결합을 형성하여 두 잔기를 리간드와의 결합부위에 위치시킨다. 두 번째 물 분자는 결합부위 내부로 깊이 들어가 있으며, Tyr355, His90, 그리고 Glu524와 '가교' 수소결합을 형성한다.

(R)-α-ethyl-substituted-indomethacin ethanolamide는 PGHS-1과의 결합구조가 인도메타신의 경우와 유사하다[18]. Chlorobenzoyl 기는 Tyr385 근처의 활성통로 정점에 위치하고, indole 고리의 methoxy 기는 측면포켓을 향하고 있다. 이 indomethacin ethanolamide는 활성통로 입구를 향해 Arg120, Tyr355 근처에 있다. Ethanolamide의 수산기는 Arg120의 guanidinium 그룹, Glu524의 carboxyl 기와 수소결합을 형성한다. 하지만 (S)-입체이성체는 다른 결합양상을 보인다. Chlorobenzoyl 부분이 통로 입구 쪽을, methoxy 기는 Tyr385 근처를 향하고 있다. Ethanolamide 기는 Arg120, Glu524 건너편에 위치한 측면포켓을 향하고 있다. 이 측면포켓은 Gln192, His90, Leu517, Phe518, 그리고 Ile523으로 구성되어 있다. 이 바뀐 결합모드에서 (S)-입체이성체는 특히 측면포켓 잔기와 다양한 상호작용을 이룬다. 수산기는 His90, Gln192와 수소결합을 형성하며, Phe518, Ile523은 소수성 상호작용에 관여한다. Arg120의 guanidinium 기와 chlorobenzoyl의 carbonyl 기는 추가적으로 친수성 상호작용을 한다. 아미드 결합에서 *cis*, *trans*-배열 모두에서 위의 상호작용이 보이지만, *trans*에서는 아미

드 질소와 Leu352 골격의 carbonyl 산소 사이의 상호작용이 추가적으로 나타난다.

(R)-입체이성체와 PGHS-1의 결합모드는 PGHS-2 선택적 저해제가 PGHS-2에 결합할 때와 유사하다. PGHS-1의 측면포켓의 접근성 여부는 저해제의 치환기 종류에 의존한다. 수산기가 methoxy나 메틸기로 교체된 경우, 키랄 의존성은 변화하여 (R)-입체이성체가 오히려 (S)-입체이성체보다 PGHS-1에 대해 강력한 저해성을 보인다[19]. 정교한 상호작용 네트워크가 더욱 안정된 결합모드에 필요한 요소로 작용한다. COX 활성부위 내에 (R)-입체이성체를 (S)-이성체와 같은 배치로 모델링하는 경우, Gln192, His90의 상호작용은 그대로 유지되지만, (R)-ethyl 치환기는 적절한 소수성 접촉이 형성되기 어려우며, 입체적 충돌 가능성도 존재한다. 또한 측면포켓의 천정부위와 에틸 치환기의 배향 차이도 두 입체이성체 사이에 존재한다. (R)-에틸기는 천정부위의 위쪽을 향하고 있는 데 반해, (S)-에틸기는 아래쪽을 향하므로 삽입 시 공간적 여유가 상대적으로 크다. 하지만 Phe518과의 매우 유사한 van der Waals 결합 거리는 결정구조에 근거한 최종적 결합모드 이외에 복잡한 리간드 결합경로에 따른 차이도 무시할 수 없음을 암시한다.

COX 활성부위에 입체이성체의 결합은 POX 활성부위의 입체형태 변화를 유발한다. 완충용액으로 사용된 구연산은 (R)-입체이성체 결합 시, heme의 propionate, Lys222의 amino 기와 상호작용을 한다. 이 부위는 PGG_2의 예상결합부위와 일치한다. 대조적으로 (S)-입체이성체 결합구조에서는 POX 활성부위에 구연산이 보이지 않는다[18]. 두 입체이성체의 결합구조에서 Arg120 곁사슬의 구조적 차이가 뚜렷하다. (R)-입체 이성체의 결합은 Arg120 곁사슬의 소위 '꼬임' 배열을 가져오며, 이는 활성통로 입구를 좀 더 확장하게 되고, 이로 인해 (R)-입체이성체의 해리속도는 빠를 수 있다. 아울러 이와 같은 변화가 약 30 Å 떨어진 POX 활성부위에 전달되어 국부 변형을 초래함을 예상할 수 있다. COX 활성부위에 리간드 (기질 또는 저해제)의 결합은 POX 활성에 영향을 주는 경우도 있으며, 'trypsin proteolysis' 에 대한 민감도가 리간드 결합 여부에 의존적인 사실은 이와 같은 장거리 입체형태 변화 전달을 뒷받침한다[20]. Indomethacin을 포함하여 ibuprofen, flurbiprofen, 생성물 유사체인 SQ29,535들은 아포형 PGHS-1와 결합하면 trypsin에 의한 Arg277 공격에 대해 저항성을 제공한다[20].

Aspirin, APHS, AcSHA, 그리고 TriAcSHA

Aspirin은 거의 유일한 공유성 PGHS 저해제로 PGHS 잔기 중에 Ser530 곁사슬 아세틸화에 관여한다. Ser530이 자체로는 그다지 친핵성을 띠지 않으므로 Ser530 주변잔기의 도움을 통해 반응성이 증가되고 이는 aspirin의 선택적 공격에 기여한다. Serine protease 경우와 달리 PGHS의 Ser530 주위에는 수소결합에 참여할 수 있는 염기성 잔기가 존재하지 않는다. 따라서 친핵성으로 PGHS와 aspirin의 특이적 반응성을 설명하기는 어렵다. N-acetylimidazole과 같은 아세틸화 물질은 PGHS-1과의 반응에서 Ser530을 아세틸화 시키지 못한다[21]. Aspirin의 특이적 선택성은 salicylic acid 부분에서 비롯되는 것으로 보인다. PGHS-1 결정구조는 salicylate 결합 부분이 Ser530에 매우 인접해 있음을 보여준다[22]. Arg120은 COX 활성부위에 존재하는 유일한 양전하 잔기로 기질인 아라키돈산과의 결합에 중요한 역할을 수행한다. Arg120은 PGHS-1 Ser530의 수산기에서 9.7 Å, PGHS-2 Ser530에서는 10.3 Å 떨어져 salicylic acid 부분이 결합하기에 적정한 공간을 제공한다. 더욱이 salicylic acid의 카복실기가 Arg120과 이온결합을 형성하여 선택성을 증가시키며, Ser530의 수산기가 아세틸기에 친핵성 공격이 용이하도록 최적배열을 제공해준다. PGHS-1과 bromoacetylaspirin 복합체 구조에서는 bromoacetyl 그룹의 carbonyl 산소가 Tyr385 수산기와 수소결합거리 내에 있음을 보여준다. 이와 같은 배열은 아세틸화 과정에서 생성되는 사면체형 중간체의 음이온 전하가 수소결합에 의해 안정화될 수 있는 가능성을 암시하고 있다. Y385F 돌연변이에서 아세틸화가 native에 비해 매우 감소하는 점도 수소결합의 존재를 뒷받침한다. 결국 COX 활성부위는 aspirin의 적정배치화와 반응성 증가를 통해 선택적이고 특이적인 결합을 제공한다.

Aspirin의 carboxyl 기의 치환은 선택적인 PGHS-2 아세틸화를 가져온다. Celecoxib와 같은 diarylheterocycle 계열은 황의 산화상태가 동종효소 선택성의 중요 결정요인이다. Sulfone이나 sulfonamide는 PGHS-2에 대해 선택적이지만, sulfoxide, sulfide는 차이를 보이지 않는다[20]. 치환된 aspirin의 경우, 2-acetoxyphenyl methyl sulfone은 두 동종효소에 대해 저해성을 보이지 않는 반면, 2-acetoxyphenyl methyl sulfide가 오히려 PGHS-2에 대해 선택적 저해성을 나타낸다. 삼중 결합을 포함하는 heptyl 곁사슬의 추가된 2-acetoxyphynylhept-2-ynyl sulfide (APHS)는 aspirin에 비해 반응성과 PGHS-2 선택성이

각각 60, 100배 증가한다[23]. APHS의 결합모드는 aspirin과 상이하다[24, 25]. APHS의 heptynyl 곁사슬은 아라키돈산의 ω말단과의 유사성으로 Tyr385 위쪽인 상부통로에 위치가 유력하다. PGHS-1과 아라키돈산의 결합구조에서 아라키돈산의 ω말단은 상부통로에의 위치하여 Gly533의 carbonyl 산소와 4Å 떨어져 있으며, COX -2에서도 결합양상은 유사할 것으로 보인다. APHS에 의한 PGHS-2의 아세틸화는 Gly533의 치환으로 약화된다[23]. G533V는 APHS에 의해 아세틸화되지 않으며, G533A의 경우는 소량에 그친다. 아라키돈산이 기질일 때, G533V는 COX 활성을 보이지 않으며, G533A는 native와 비교하여 15% 수준인 점과 종합해 보면 APHS의 결합에 heptynyl 곁사슬이 차지하는 비중이 큼을 알 수 있다. PGHS-2의 아세틸화 과정에서 Tyr385은 사면체형 중간체 안정화에 기여한다. Y385F 돌연변이가 APHS에 의한 아세틸화가 현저하게 떨어지는 점으로 보아, aspirin 경우와 마찬가지로 Tyr385는 APHS와의 결합에 중요 결정잔기로 예상된다. APHS는 강한 소수성 물질로 전하를 띠는 Arg120의 곁사슬과의 상호작용 가능성은 그다지 크지 않다. 하지만 Arg120의 치환이 APHS의 아세틸화 감소를 가져오는 점은 다소 이례적이다. Arg120은 Tyr355, Glu524와 수소결합 네트워크를 형성한다. Arg120의 치환으로 이 네트워크에 변화에 생기면, 활성부위의 유연성은 향상하게 되고 따라서 APHS와의 소수성 상호작용은 줄어들 수 있다.

대부분의 NSAID는 POX 활성에는 영향을 미치지 않는다. 저해제와의 결합 후에도 POX 활성은 유지되고 자유 라디칼은 계속적으로 생성된다. Acetylhydroxamic acid는 아세틸화를 통한 COX 활성저해, 그리고 hydroxamic acid의 잠재적 POX 활성저해 성질을 이용한 이중 저해제이다[2, 26]. O-acetylsalicylhydroxamic acid (AcSHA)는 aspirin과 마찬가지로 아세틸화시키는 물질이며, 아세틸기가 페놀 수산기가 아닌 hydroxamic acid에 위치한다. PGHS-1과의 결합구조에서, 아세틸기는 Ser530의 곁사슬 근처에서 관찰된다[2]. AcSHA와 aspirin에 의해 아세틸화된 PGHS-1의 구조는 별다른 차이를 보이지 않는다. 양쪽 모두 아세틸 그룹은 Tyr385 잔기의 하단부에 위치한다. 아세틸기의 첨가로 활성통로는 막히게 되어 활성통로를 통한 리간드의 이동이 차단된다. Ser530에 첨가된 아세틸 그룹의 carbonyl 산소는 Tyr385 페놀 수산기와 수소결합을 이룬다. PGHS-1과의 결합으로 AcSHA는 수용액으로부터 완전히 격리된다. Aryl 고리는 Val349, Leu352, Phe517, 그리고 Ile523으로 구성된 소수성 포켓에 놓여 있다. Hydroxamate와 아세틸 그룹은 활성통로 아래쪽으로 향하고, 아세틸 그룹은

Tyr355, Arg120으로 구성된 긴축부에 근접해 있다. Hydroxamic acid는 pH 6.7에서 탈수소 이온상태로 존재해 Arg120의 guanidinium 그룹과 이온결합을 형성한다. 추가적으로 아세틸 그룹의 carbonyl 산소도 Arg120과 수소결합을 이룬다.

초기 결합 이후 확산에 의한 COX 활성부위 중앙으로의 이동으로 아세틸 그룹은 Tyr385, Trp386 아래쪽에 도달하고, 근접 잔기인 Ser530 수산기의 친핵성 공격에 노출된다. 페놀 수산기의 제거 또는 이동은 저해 상실을 가져온다. 이 수산기를 meta-쪽으로 옮기는 경우, 잔기 522의 골격 carbonyl 산소와 공간적 충돌이 예상된다. 고리가 180° 회전하면 이 충돌은 피할 수 있으며, 수산기는 Tyr385 곁사슬과 수소결합 위치에 놓이게 된다. 이 결합으로 저해제는 중앙부로의 이동이 제한을 받는다. para-쪽도 비슷한 상황이 예상되며, AcSHA의 최적결합을 위해서는 수산기가 ortho-쪽에 위치하여야 한다.

AcSHA 변형체인 triacetylsalicylhydroxamic acid (TriAcSHA)는 더욱 효율적인 COX 아세틸화 물질이다[27]. Aspirin과 마찬가지로 TriAcSHA의 활성은 Ser530, Arg120 잔기에 의존적이다. N-아세틸 그룹의 산소는 Arg120 guanidinium 그룹과의 수소결합을 이루며, 이는 일반 산에 의해 촉매되는 N-탈아세틸화로 이어진다. 생성물인 O,O-diacetylsalicylhydroxamate는 불안정한 물질로 음이온을 띠는 질소는 분자 내의 아세틸 그룹의 이동을 용이하게 하여 Ser530의 아세틸화에 기여한다. NH 그룹이 이온성을 띠지 않는 N-methyl-O,O-DiAcSHA의 반응성이 현저하게 저하되는 점과, 페놀 아세틸 그룹이 없는 N,O-DiAcBHA, 2-OMe-N,O-DiAcBHA과는 아세틸화가 일어나지 않는 사실은 전달되는 아세틸 그룹은 세 아세틸 그룹 중 페놀 아세틸임을 보여준다.

Diclofenac, piroxicam, nimesulide, 그리고 lumiracoxib

COX 활성부위는 기질이나 저해제의 결합에 기여하는 대표적인 3개의 고정점이 있다. 첫 번째는 막 근처에 있는 Arg120과 Tyr355의 접속점이며, flurbiprofen이나 indomethacin, 그리고 기질의 생산적 conformer의 친화력을 증진한다. 두 번째는 Tyr355, Val523, His90, Gln192, 그리고 Arg513 잔기로 정의되는 측면포켓이다. Phenylsulfonamide나 phenylsulfone 기를 포함하는 diarylheterocyclic 저해제의 효능과 선택성은 이 측면포켓에서의 상호작용에 의해 결정된다. 마지막으로 활성부위 상부에 위치한 Tyr385와 Ser530이 참여하는 수소결합은 기질의 비생산적 conformer, 저해제 diclofenac에서 찾아볼 수 있다. 아포형 PGHS-2와 아라키돈산의 결정에서는 아라키돈산의 배치가 기존의 L-형상과 다른 독특한 형태를 취하고 있다. 이 배열에서 아라키돈산의 카복실기는 Ser530/Tyr385와 결합하고, 알킬 사슬은 Arg120을 향해 내려오다 다시 굽어져 올라가는 U-형상을 하여 ω말단은 Leu531/Met535에 인접하게 된다[28].

Ser530/Tyr385의 킬레이트화 기능은 저해제와의 상호작용에서도 나타난다. Ser530의 Ala 치환으로 diclofenac과 piroxicam에 의한 저해성의 소멸을 가져오며, nimesulide의 시간의존적 저해경향도 사라진다. Diclofenac은 아라키돈산의 비생산적 conformer 경우와 같이 역배열로 결합한다[7]. 이와 같은 배열은 기존의 생화학적 결과를 잘 설명해준다. PGHS-2 R120E 돌연변이는 diclofenac에 대한 저해 민감도가 4.5배 정도만 바뀌는 점이나, S530M 돌연변이의 diclofenac에 대한 IC_{50} 수치가 200배 증가하는 사실은 Ser530이 diclofenac과의 상호작용에 중요 잔기임을 암시한다. PGHS-1 경우에도 diclofenac은 아포형 PGHS-1의 형광을 소광시키지만, aspirin에 의헤 아세틸회된 효소는 diclofcnac 첨기 이후에도 형광이 변히지 않는다. Tyr385/Ser530의 킬레이트화는 PGHS의 아세틸화 효율과 diclofenac에 의한 시간의존적, 비공유성 저해의 주요인자이다.

S530A는 piroxicam에 의해 저해 받지 않으며, nimesulide에 의한 시간의존적 저해에도 민감하지 않다. Piroxicam은 카복실기를 가지고 있지 않다. 하지만 Arg120, Tyr355, 그리고 Ser530과의 일체적 상호작용은 매우 중요한 것으로 보인다. Nimesulide는 arylslufonamide로 측면포켓에서의 결합이 예상된다. Val523과 Ser530의 치환은 nimesulide에 대한 시간의존적 저해양상의 소멸과 저해 효능의 감소를 가져온다. 이는 측면포켓의 중요성과 더불어 nimesulide의 니트로기가 Ser530/Tyr385와 수소결합을 형성함을 예상해 볼 수 있다.

Lumiracoxib는 arylacetic acid 군의 PGHS-2 선택적 저해제이다. Lumiracoxib에는 diarylheterocycle 군에 속하는 celecoxib와 rofecoxib에서 보여지는 삼환성 구조가 결여되어 있으며, sulfonamide나 sulfone 그룹을 포함하고 있지 않다. Diclofenac의 구조적 유사체로 분류되는 lumiracoxib는 약 산성을 띠며, *in vivo*에서 PGHS-1 대비 PGHS-2 선택성이 500배 이상이다[29]. 카복실기를 포함하는 NSAID와 PGHS복합체의 결정구조에서는 공통적으로 저해제의 카복실기가 Arg120의 곁사슬과 이온결합을 형성하고 방향족 고리는 COX 활성부위를 향하고 있다. 하지만 diclofenac의 경우에는 diclofenac의 카복실기가 내부의 Ser530과 Tyr385와 상호작용을 하는 역배열 결합모드를 형성한다[7]. Indomethacin은 비선택적 NSAID로 저해양상이 시간 의존적이며 기능적으로 비가역성을 보여준다. PGHS와의 결합에서 indomethacin의 카복실기는 Arg120과 이온결합, Tyr355와 수소결합을 하며, 2′-메틸기는 Ala527, Val349, Ser530, 그리고 Leu531로 구성된 소수성 포켓과 결합한다[14]. Val349의 치환 (Ala 또는 Leu)이나 2′-des-methyl 유사체는 indomethacin의 저해양상에 현저한 변화를 가져온다. 소수성 포켓 크기의 증감이 indomethacin의 효능에 영향을 미치고, 메틸기의 결여는 PGHS-1 저해의 상실과 PGHS-2에 대한 저해가 시간의존적 비가역적에서 매우 약한 가역적 저해제로 바뀌게 한다.

Lumiracoxib는 PGHS-2와의 결정구조에서 diclofenac과 마찬가지로 COX 활성부위 내에 역배열로 결합되어 있다[8]. Lumiracoxib의 카복실기는 활성부위 상단의 Ser530, Tyr385와 수소결합을 형성하고, phenylacetic acid 고리 위의 메틸기는 Leu384의 이동으로 제공되는 작은 홈에 삽입된다. 이와 같은 삽입모드가 PGHS-2 선택성을 부여한다. PGHS-1에서는 Leu384 후면에 Ile525와 Phe503이 부피가 큰 이차 껍질이 존재하여 Leu384의 이동을 제한한다. 상대적으로 크기가 작은 Val/Leu가 위치하는 PGHS-2에서는 Leu384의 유연성이 증가되어 lumiracoxib의 5′-methyl 기가 작은 포켓에 삽입되는 것을 허용한다.

Ser530은 diclofenac나 lumiracoxib의 카복실기와의 수소결합에 참여하고, 작은 소수성 결합 포켓의 일부이다. Indomethacin의 메틸기, diclofenac과 lumiracoxib의 염소는 이 소수성 결합포켓에 채워져 Ser530의 수산기와 할로젠 결합을 이룬다. 저해제의 시간의존적 비가역성은 Val349 곁사슬 크기를 변화시키는 치환에 민감하다. 하지만 V349I 돌연변이 효소는 효능과 비가역성이 그대로 유지된다. 부피가 큰 Ile의 곁사슬은 작은 소수성 결합 포켓의 규모를 축소하고, 이는 오히려 저해제와의 근접한 접촉을 유도하는 것으로 보인다.

SC076, SC092, 그리고 SC299

황-치환형 diarylheterocycle 계열은 황원자의 산화상태에 따라 PGHS-1, PGHS-2의 선택성이 결정된다. SC076[73], SC092[74]는 diarylthiazole로 동일한 flourophore를 포함하지만, thiazole 고리의 para-쪽 황의 산화정도가 다르다. SC076은 PGHS-1 선택적이지만, SC092는 sulfone 치환기를 가지고 있고 PGHS-2 특이적 저해제이다[20, 30].[75] 두 물질은 형광성이며, heme 그룹의 흡수스펙트럼과 중복된 형광 방출 스펙트럼을 보인다. 이 특성은 FRET[76] 분석에 이용되어 PGHS와 같은 heme 단백질의 리간드와의 상호작용 연구에 활용된다. 분자 모델링을 통한 SC076의 PGHS-1과의 결합모델에서 저해제의 chlorophenyl 그룹은 Tyr385나, Arg120 근처에 위치한다[31]. Chlorophenyl 고리가 Tyr385에 수직으로 배치된 경우, methyl sulfide의 메틸기는 Arg120의 guanidinium 그룹과 Tyr355의 수산 기에서 3.3 Å, 중앙의 이형 고리는 Ser530에서 3.9 Å, sulfide 고리는 Ile523에서 3 Å 떨어져 있다. SC076이 180° 회전하는 경우, chlorophenyl 그룹은 MBD를 향하며, sulfide 고리는 Ile523에서 6 Å, Tyr385에서 7 Å, methoxy 고리는 Ser530에서 4 Å 거리에 있다. SC092와 PGHS-2의 결합도 SC076과 유사할 것으로 보인다. 하지만 SC092는 heme을 포함하지 않는 PGHS-2와도 추가 상호작용의 가능성을 나타낸다. FRET 분석을 통한 PGHS-2의 heme과 SC092의 거리는 16-17 Å이며, PGHS-1은 SC076에서 20 Å 거리를 두고 있다.

Oxazole 계통인 SC299는 PGHS-2 선택적 저해제로, PGHS-2에 대해 시간의존적이며 PGHS-1의 약한 가역성 저해제이다. 형광성의 SC299는 효소-저해제의 결합과 해리의 상세한 관찰에 효과적으로 사용되어 진다[11]. 효소-저해제 결합의 속도분석은 빈번히 효소촉매과정이나 자가불활성화와 겹쳐져서 매우 복잡한 양상을 보인다. SC299 경우, PGHS-2에 대해 높은 선택성을 보이지만 PGHS-1과의 결합도 빠르게 진행된다. 초기 결합과정 이후에 이어지는 단계는 두 동종효소가 차이를 보인다. PGHS-1은 1개의 단분자 과정에 의해 저해제를 효소 내부로 밀어 넣는다. 대부분의 2단계 모델에서는 이 과정이 첫 번째 과정의 일부로 간주된다.

---

73) 2-(2-chlorophenyl)-4-[4-(methyl mercapto)phenyl]-5-[4-(methoxy)phenyl]-thiazole

74) 2-(2-chlorophenyl)-4-[4-(methylsulfonyl)phenyl]-5-[4-(methoxy)phenyl]-thiazole

75) SC076의 PGHS-1에 대한 $K_I = 0.2\ \mu M$, SC092의 PGHS-2에 대한 $K_I = 1\ \mu M$

76) Fluorescence resonance energy transfer

PGHS-2에서 저해제는 두 개의 단 분자과정을 통해 결합이 마무리된다. 실지 SC299 결합속도의 PGHS-2 선택성을 모두 설명하기에는 그 차이가 경미하다. SC299는 해리되면서 소광제인 heme으로부터 거리가 멀어지고 이와 동반된 형광의 재현을 측정함으로써 두 동종효소의 해리속도를 비교할 수 있다. SC299은 짧은 시간에 PGHS-1로부터 자발적으로 해리되지만 PGHS-2는 수시간에 걸쳐 진행된다. 이와 같은 해리속도의 현저한 차이는 PGHS-2저해의 선택성과 시간-의존성의 주요원인으로 간주된다.

PGHS-1과 PGHS-2의 아미노산 서열은 약 60%의 일치성을 보이며, COX 활성부위는 높은 보전성을 보인다. 저해제 결합의 초기단계에서, 저해제의 효소의 통로입구로의 이동은 2분자 과정으로, 입구에 도달한 분자가 내부로 진입하는 단계는 단 분자 과정으로 간주될 수 있다. 이 두 과정에서 반응속도는 두 동종효소가 차이를 보이지 않는다. 내부진입을 위해 통과해야 되는 가늠구멍을 구성하는 잔기에 일부 차이는 존재하지만 구조적으로 매우 유사하다. 따라서 이 통과속도가 동종효소의 선택성을 결정하지는 않는다. Diarylheterocycle 저해제의 선택성에 기여하는 주요 구조적 차이는 잔기 523이다. PGHS-1의 Ile523는 중앙 COX 통로에서 측면포켓으로의 접근을 차단한다. 하지만 PGHS-2의 Val523은 이를 허용하여 slufonamide나 sulfone기의 삽입으로 안정된 복합체를 형성하고 이는 선택적 저해에 기여한다. PGHS-2 V523I 돌연변이는 diarylheterocycle에 의한 시간-의존적 저해가 경감된다. 이 측면포켓과의 추가적인 결합이 선택적 저해제의 세 번째 단계로 해리속도의 현저한 감소를 가져온다. SC299도 이 모델을 따를 것으로 보인다. 느리고 단단한 결합 모델은 PGHS의 저해제와의 상호작용을 잘 설명한다. 하지만 기존의 2단계 모델은 실지 결합모드보다는 저해 반응속도론에 초점이 맞춰있다. 선택적 저해제인 경우 가늠구멍이라는 이동의 공간적 장해로 결합과정은 2단계에 걸쳐 진행되며 두 번째 단계에서 측면포켓이라는 일종의 덫에 걸려 해리과정의 큰 지체를 가져오는 것으로 보인다.

Celecoxib와 valdecoxib

PGHS를 저해하는 NSAID의 결합위치에 대한 정보는 각 동종효소의 결정구조를 통해 많은 진전을 이루었다[6, 22]. 두 동종효소에서 보여주는 COX 활성부위의 차이는 Ile523,

Ser516, His513, 그리고 Ile434에 위치한다. COX 활성통로의 입구에 놓여있는 Arg120은 PGHS-1에서는 기질인 아라키돈산과 이온결합 거리 내에 위치하며, COX 촉매효율에 중요한 잔기이다. 하지만 PGHS-2에서 Arg120의 동역학적 영향은 현저히 축소된다. 일반적으로 carboxyl 그룹을 포함하는 NSAID는 Arg120과 이온결합을 형성하며, Arg120의 치환은 저해효능의 현저한 감소를 가져오지만 비산성 저해제는 오히려 저해능이 증가한다. Tyr355와 Ile523은 활성부위의 측면포켓으로 들어가는 입구를 형성한다. 잔기 523 위치에 존재하는 Ile/Val은 diarylheterocycle 계통 저해제의 PGHS-2 선택성을 결정하는 중요 잔기다. PGHS-2 V523I 치환은 이들 저해제의 시간-의존적 저해양상을 감속하며, 따라서 PGHS-1에서 Ile523의 존재는 celecoxib나 valdecoxib와 같은 저해제의 측면포켓으로 접근성을 제한하는 것으로 보인다.

Celecoxib와 valdecoxib의 PGHS-2와의 결합은 COX 활성부위 단일 위치에 특이적이며 포화성을 보인다[32]. 해리상수는 2–3 nM 수준이며, PGHS-1에 대해서는 거의 결합력을 나타내지 않는다.[77] 두 저해제 celecoxib와 valdecoxib의 결합 속도는 각각 $5.8 \times 10^6\ M^{-1}min^{-1}$, $4.5 \times 10^6\ M^{-1}min^{-1}$, 해리속는 $14 \times 10^{-3}\ min^{-1}$, $7.0 \times 10^{-3}\ min^{-1}$이다. 이는 종전의 SC-299에 대한 수치와 거의 유사한 수준이다.[78] Arg120을 부피가 작은 잔기로 치환하면 동력학적 속도는 증가한다. 결합속도의 경우 약 10배의 증가를 보이며, 이는 Arg120과 Glu524 사이에 존재하는 염다리의 와해로 MBD 진입부위가 확장되어 COX 소수성 활성통로로의 진입이 더욱 유연성을 가지는 것이 주원인으로 보인다. 측면포켓 돌연변이인 V523I와 V523I/R513H/V434I는 native에 비해 이들 저해제에 대한 친화성이 소폭 감소한다. Celecoxib의 결합속도는 native 수준이며 valdecoxib 경우에는 약 3배 수준의 감소를 보인다. 해리속도는 celecoxib에서 약간 증가하고 valdecoxib는 거의 20배 증가한다. 이와 같은 결과는 측면포켓의 부피변화로 저해제의 최적결합 입체형태가 방해를 받는 것으로 보인다. Y355A 치환 역시 수준의 차이는 있지만 해리속도의 증가[79]와 결합속도의 10배 수준의 증가를 보인다. 아마도 통로 입구에서의 공간적 방해의 감소로 결합부위로의 접근이 더욱 용이해

---

77) [^{3}H]으로 표지된 celecoxib와 valdecoxib가 사용됨.

78) SC-299의 결합 속도는 $7.2 \times 10^6\ M^{-1}min^{-1}$, 해리속도는 $15 \times 10^{-3}\ min^{-1}$임.

79) Celecoxib와 valdecoxib에 대한 해리속력이 native와 비교할 때, 각각 19배, 253배 증가함.

진 점을 예상해 볼 수 있다. 측면포켓과 Tyr355 치환에서 valdecoxib는 celecoxib에 비해 약간 높은 선택성을 보인다. Valdecoxib의 중앙 이형 고리에 존재하는 5-methyl 그룹은 Tyr355 곁사슬과 접촉 거리 상에 있어 잔기 치환에 더욱 민감한 반응을 나타내는 것으로 보인다. PGHS-1을 모방한 삼중 돌연변이[80)]는 두 저해제에 대해 각각 3배, 17배의 감소된 친화도를 보인다. 이는 PGHS-1이 이들 diarylheterocycle 저해제에 대해 극도의 낮은 친화도를 보이는 것과 대조적이다.[81)] 측면포켓 이외에 PGHS 동종효소의 선택적 결합에 참여하는 영역이 존재함을 암시하며, 그 중 하나로 Arg120, Tyr355, Glu524, 그리고 MBD의 나선 D에 위치하는 잔기들로 구성된 '로비' 지역을 예상해 볼 수 있다.

Darbufelone

Darbufelone[82)]은 di-*tert*-butyl 페놀 계통으로 동시에 $PGF_{2\alpha}$와 LTB_4의 생성을 억제한다 [33]. 아라키돈산을 기질로 사용하는 PGHS와 5-LO에 동시에 작용하는 이중 저해제에는 di-*tert*-butyl 페놀 계통 이외에 RWJ-63556[83)], BW-755C[84)], pyrrolizine 유도체 등이 존재한다 [34-37]. Darbufelone은 PGHS-2에 대해 시간-의존적, 느린 결합을 보이며, 비경쟁적 저해양상을 나타낸다[38]. PGHS-1에 대한 저해도는 PGHS-2에 비해 100배 이상 약화되어 동종효소 특이성을 보인다. 형광 적정에 의한 해리상수, 평형에서의 IC_{50}, 저해 속도반응론에 따른 저해상수는 PGHS-2에 대한 저해모드가 2단계, 가역적 느린-결합 메커니즘임을 뒷받침한다.[85)] PGHS-2에서 darbufelone의 결합위치는 확실하지 않다. 정류상태 속도반응론에서 darbufelone은 기질인 아라키돈산과 비경쟁적이다. 또한 분광학적 POX 활성 측정에 포함되는 TMPD[86)]와도 간섭하지 않으며, darbufelone의 존재는 COX 활성도에 무관하다. 일부

80) V523I/R513H/V434I

81) K_D > 1000 nM

82) (*Z*)-5-[[3,5-bis(1,1-dimethylethyl)-4-hydroxyphenyl]methylene]-2-imino-4-thiazolidinone, methanesulfonate salt,

83) thiophene 유도체

84) pyrazoline 유도체

85) $E + I \leftrightarrow E \cdot I \leftrightarrow E^* \cdot I$.

86) *N,N,N′,N′*-tetramethyl-*p*-phenylenediamine

PGHS 저해제는 낮은 농도로 존재하는 경우 활성을 자극하는 것으로 알려져 있으며, 이는 POX 활성과의 연계를 필요로 하지 않는다. PGHS-2에 대한 친화도가 heme 그룹의 존재에 무관한 점은 저해원인이 heme과의 상호작용일 가능성을 매우 희박하게 한다. COX 활성부위에 결합하는 물질, 예를 들어 아라키돈산, aspirin, ibuprofen, SC-58125, 그리고 celecoxib들은 darbufelone의 친화도를 변경시키지 않는다. 이와 같은 점은 darbufelone이 비경쟁적 저해제임을 뒷받침하며, 새로운 결합위치 가능성을 암시한다. 대부분의 PGHS-2 특이적 저해제는 형성된 E*I 복합체가 입체형태 전환을 거쳐 강한 결합으로 바뀐다. 이와 같은 전환은 MBD 주위의 '로비' 지역에서 COX 활성통로 내부로 이동하면서 생긴다. PD0167570[87]는 PGHS-2와의 결합에서 darbufelone과 경쟁적이지만 약한 저해양상을 보인다[38]. 아마도 아직 밝혀지지 않은 요인에 의해 darbufelone의 전체적인 저해 효능이 결정되는 것으로 보인다.

Carboxychromanol

Vitamin E는 8개의 친지질성 항산화물질을 포함한다.[88] α-Tocopherol (α-T)는 α-tocopherol 전달 단백질에 의해 분해가 쉽게 일어나지 않지만, 다른 물질은 cytochrome P450에 의한 ω-수산화와 13′-탄소의 산화에 의해 13′-carboxychromanol (13′-COOH)로 분해된다[39, 40]. 추가적인 β-산화로 짧은 사슬의 carboxychromanol이나 CEHC[89] 대사물이 생성되기도 한다. 13′-COOH는 COX에 대해 경쟁적 저해능을 보이지만, POX 활성에는 영향을 주지 않는다[41].[90] Carboxychromanol 곁사슬의 길이와 말단 carboxyl 그룹의 존재가 저해의 주요 인자인 점은 이 저해제가 아라키돈산 결합과 유사함을 암시한다. PGHS-1과의 결합 모델에서 13′-carboxychromanol는 확장된 L자 형상이며, 13′-carboxyl 그룹은 Tyr355, Arg120과 수소결합을 형성한다. Chroman 그룹은 소수성 결합 포켓에 깊이 위치하여 Phe209, Phe382와 인접하며, 13′-COOH의 C6 수산기는 His226의 carbonyl 골격과의 수소결합에 관여한다. 9′-COOH에서는 이와 같은 수소결합이 관찰되지 않는다.

---

87) (*Z*)-2-benzyloxyamino-5-(3,5-di-tert-butyl-4-hydroxy-benzylidene)-thiazol-4-one

88) α-, β-, γ-, 그리고 δ-tocopherol, α-, β-, γ-, 그리고 δ-tocotrienol

89) 2-(β-carboxyethyl)-6-hydroxychroman

90) PGHS-1과 PGHS-2에 대한 K_i가 각각 3.9 μM, 10.7 μM임.

참고문헌

1. Loll, P.J., D. Picot, and R.M. Garavito, *The structural basis of aspirin activity inferred from the crystal structure of inactivated prostaglandin H2 synthase*. Nat Struct Biol, 1995. **2**(8): p. 637-43.
2. Loll, P.J., et al., *O-acetylsalicylhydroxamic acid, a novel acetylating inhibitor of prostaglandin H2 synthase: structural and functional characterization of enzyme-inhibitor interactions*. Mol Pharmacol, 2001. **60**(6): p. 1407-13.
3. Kalgutkar, A.S., et al., *Biochemically based design of cyclooxygenase-2 (COX-2) inhibitors: facile conversion of nonsteroidal antiinflammatory drugs to potent and highly selective COX-2 inhibitors*. Proc Natl Acad Sci U S A, 2000. **97**(2): p. 925-30.
4. Capone, M.L., et al., *Clinical pharmacology of platelet, monocyte, and vascular cyclooxygenase inhibition by naproxen and low-dose aspirin in healthy subjects*. Circulation, 2004. **109**(12): p. 1468-71.
5. Selinsky, B.S., et al., *Structural analysis of NSAID binding by prostaglandin H2 synthase: time-dependent and time-independent inhibitors elicit identical enzyme conformations*. Biochemistry, 2001. **40**(17): p. 5172-80.
6. Kurumbail, R.G., et al., *Structural basis for selective inhibition of cyclooxygenase-2 by anti-inflammatory agents*. Nature, 1996. **384**(6610): p. 644-8.
7. Rowlinson, S.W., et al., *A novel mechanism of cyclooxygenase-2 inhibition involving interactions with Ser-530 and Tyr-385*. J Biol Chem, 2003. **278**(46): p. 45763-9.
8. Blobaum, A.L. and L.J. Marnett, *Molecular determinants for the selective inhibition of cyclooxygenase-2 by lumiracoxib*. J Biol Chem, 2007. **282**(22): p. 16379-90.
9. Guo, Q., et al., *Role of Val509 in time-dependent inhibition of human prostaglandin H synthase-2 cyclooxygenase activity by isoform-selective agents*. J Biol Chem, 1996. **271**(32): p. 19134-9.
10. So, O.Y., et al., *The dynamics of prostaglandin H synthases. Studies with*

prostaglandin h synthase 2 Y355F unmask mechanisms of time-dependent inhibition and allosteric activation. J Biol Chem, 1998. **273**(10): p. 5801-7.

11. Lanzo, C.A., et al., *Fluorescence quenching analysis of the association and dissociation of a diarylheterocycle to cyclooxygenase-1 and cyclooxygenase-2: dynamic basis of cyclooxygenase-2 selectivity*. Biochemistry, 2000. **39**(20): p. 6228-34.
12. Kulmacz, R.J. and W.E. Lands, *Stoichiometry and kinetics of the interaction of prostaglandin H synthase with anti-inflammatory agents*. J Biol Chem, 1985. **260**(23): p. 12572-8.
13. Rome, L.H. and W.E. Lands, *Structural requirements for time-dependent inhibition of prostaglandin biosynthesis by anti-inflammatory drugs*. Proc Natl Acad Sci U S A, 1975. **72**(12): p. 4863-5.
14. Prusakiewicz, J.J., et al., *Molecular basis of the time-dependent inhibition of cyclooxygenases by indomethacin*. Biochemistry, 2004. **43**(49): p. 15439-45.
15. Kalgutkar, A.S., et al., *Ester and amide derivatives of the nonsteroidal antiinflammatory drug, indomethacin, as selective cyclooxygenase-2 inhibitors*. J Med Chem, 2000. **43**(15): p. 2860-70.
16. Luong, C., et al., *Flexibility of the NSAID binding site in the structure of human cyclooxygenase-2*. Nat Struct Biol, 1996. **3**(11): p. 927-33.
17. Moth, C.W., et al., *Stereoselective binding of indomethacin ethanolamide derivatives to cyclooxygenase-1*. J Med Chem, 2005. **48**(10): p. 3613-20.
18. Harman, C.A., et al., *Structural basis of enantioselective inhibition of cyclooxygenase-1 by S-alpha-substituted indomethacin ethanolamides*. J Biol Chem, 2007. **282**(38): p. 28096-105.
19. Kozak, K.R., et al., *Enantiospecific, selective cyclooxygenase-2 inhibitors*. Bioorg Med Chem Lett, 2002. **12**(9): p. 1315-8.
20. Kalgutkar, A.S., B.C. Crews, and L.J. Marnett, *Kinetics of the interaction of*

nonsteroidal antiinflammatory drugs with prostaglandin endoperoxide synthase-1 studied by limited proteolysis. Biochemistry, 1996. **35**(28): p. 9076-82.

21. Wells, I. and L.J. Marnett, *Acetylation of prostaglandin endoperoxide synthase by N-acetylimidazole: comparison to acetylation by aspirin*. Biochemistry, 1992. **31**(40): p. 9520-5.
22. Picot, D., P.J. Loll, and R.M. Garavito, *The X-ray crystal structure of the membrane protein prostaglandin H2 synthase-1*. Nature, 1994. **367**(6460): p. 243-9.
23. Phillip Hochgesang, G., et al., *Functional analysis of the molecular determinants of cyclooxygenase-2 acetylation by 2-acetoxyphenylhept-2-ynyl sulfide*. Arch Biochem Biophys, 2003. **409**(1): p. 127-33.
24. Kalgutkar, A.S., et al., *Aspirin-like molecules that covalently inactivate cyclooxygenase-2*. Science, 1998. **280**(5367): p. 1268-70.
25. Kalgutkar, A.S., et al., *Covalent modification of cyclooxygenase-2 (COX-2) by 2-acetoxyphenyl alkyl sulfides, a new class of selective COX-2 inactivators*. J Med Chem, 1998. **41**(24): p. 4800-18.
26. Davey, C.A. and R.E. Fenna, *2.3 A resolution X-ray crystal structure of the bisubstrate analogue inhibitor salicylhydroxamic acid bound to human myeloperoxidase: a model for a prereaction complex with hydrogen peroxide*. Biochemistry, 1996. **35**(33): p. 10967-73.
27. Dooley, C.M., et al., *A novel family of hydroxamate-based acylating inhibitors of cyclooxygenase*. Mol Pharmacol, 2003. **63**(2): p. 450-5.
28. Kiefer, J.R., et al., *Structural insights into the stereochemistry of the cyclooxygenase reaction*. Nature, 2000. **405**(6782): p. 97-101.
29. Tannenbaum, H., et al., *Lumiracoxib is effective in the treatment of osteoarthritis of the knee: a 13 week, randomised, double blind study versus placebo and celecoxib*. Ann Rheum Dis, 2004. **63**(11): p. 1419-26.
30. Kennedy, T.A., C.J. Smith, and L.J. Marnett, *Investigation of the role of cysteines in*

catalysis by prostaglandin endoperoxide synthase. J Biol Chem, 1994. **269**(44): p. 27357-64.

31. Lanzo, C.A., et al., *Investigation of the binding of isoform-selective inhibitors to prostaglandin endoperoxide synthases using fluorescence spectroscopy*. Biochemistry, 1998. **37**(1): p. 217-26.
32. Hood, W.F., et al., *Characterization of celecoxib and valdecoxib binding to cyclooxygenase*. Mol Pharmacol, 2003. **63**(4): p. 870-7.
33. Unangst, P.C., et al., *Synthesis and biological evaluation of 5-[[3,5-bis(1,1-dimethylethyl)- 4-hydroxyphenyl]methylene]oxazoles, -thiazoles, and -imidazoles: novel dual 5-lipoxygenase and cyclooxygenase inhibitors with antiinflammatory activity*. J Med Chem, 1994. **37**(2): p. 322-8.
34. Kirchner, T., et al., *Evaluation of the antiinflammatory activity of a dual cyclooxygenase-2 selective/5-lipoxygenase inhibitor, RWJ 63556, in a canine model of inflammation*. J Pharmacol Exp Ther, 1997. **282**(2): p. 1094-101.
35. Beers, S.A., et al., *N-(5-substituted) thiophene-2-alkylsulfonamides as potent inhibitors of 5-lipoxygenase*. Bioorg Med Chem, 1997. **5**(4): p. 779-86.
36. Leval, X., et al., *New trends in dual 5-LOX/COX inhibition*. Curr Med Chem, 2002. **9**(9): p. 941-62.
37. Laufer, S.A., et al., *(6,7-Diaryldihydropyrrolizin-5-yl)acetic acids, a novel class of potent dual inhibitors of both cyclooxygenase and 5-lipoxygenase*. J Med Chem, 1994. **37**(12): p. 1894-7.
38. Johnson, A.R., M.A. Marletta, and R.D. Dyer, *Slow-binding inhibition of human prostaglandin endoperoxide synthase-2 with darbufelone, an isoform-selective antiinflammatory di-tert-butyl phenol*. Biochemistry, 2001. **40**(25): p. 7736-45.
39. Jiang, Q., et al., *gamma-tocopherol, the major form of vitamin E in the US diet, deserves more attention*. Am J Clin Nutr, 2001. **74**(6): p. 714-22.
40. Brigelius-Flohe, R. and M.G. Traber, *Vitamin E: function and metabolism*. FASEB J,

1999. **13**(10): p. 1145-55.

41. Jiang, Q., et al., *Long-chain carboxychromanols, metabolites of vitamin E, are potent inhibitors of cyclooxygenases*. Proc Natl Acad Sci U S A, 2008. **105**(51): p. 20464-9.

VII. PGHS 연계 효소의 리간드 결합 모드

조혈성 prostaglandin D synthase

조혈성 prostaglandin D synthase (H-PGDS)는 말초 조직에서 PGD_2 생성에 관여하며[1], 다르게 명명되기도 한다.[91] GSH와 결합한 결정구조에서 H-PGDS는 동종이량체로 존재하며, 단량체 사이의 접촉면은 제한된 정전기적 상호작용을 포함한 소수성 표면으로, 소위 'lock-and-key' 타입의 상보성을 보인다[2]. 각 단량체의 규모는 50Å × 50Å × 30Å이며, 두 개의 도메인으로 구성된다. N말단 도메인 (잔기 1-71)과 C말단 도메인 (잔기 82-199)은 두 개의 turn 구조를 (잔기 72-75, 76-79) 포함하는 잔기 72-81에 의해 연결되어 있다. N말단 도메인은 4개의 β-가닥, 3개의 α-나선으로 구성되며, α1과 α3 나선은 대응 단량체의 α4, α6, 그리고 α8과 이량체 접촉면을 형성한다. 루프 구조인 잔기 46-52는 Pro52에서 효소 외부로 굽어지며, 이곳에 glutathione (GSH) 결합부위가 위치한다. 이 루프와 β3 골격이 이루는 각은 거의 90°이며, *cis*-배열의 Ile51을 포함한 루프의 곁사슬은 용매에 노출된다. C말단 도메인은 5개의 α-나선으로 구성되며, 이 중 α4, α5, 그리고 α6는 α-나선 다발을 구성한다. α5는 Gln123에서 굽어지며, α4와 α5를 연결하는 루프의 잔기 Ser100에서 Trp104의 골격은 꼬여있다.

GSH는 N말단 도메인에 결합하여 단백질의 골격과 곁사슬 각각 2, 8개의 수소결합을 형성한다. GSH의 Cys 골격은 *cis*-Ile51과, γ-Glu의 amino 질소는 다른 단량체 Asp97의 곁사슬 carboxyl 두 산소와 각각 수소결합을 한다. GHS의 γ황 원자와 Tyr8의 η산소 원자 사이는 수소결합 거리인 3.1Å 떨어져 있다. GSH 결합부위가 있는 두 단량체의 접촉면은 '틈새'를 형성하며, 촉매 포겟으로 작용한다. GSH 결합부위 뒤쪽은 α4와 α5를 연결하는 '처마'형 루프로, 넓고 깊은 포켓 (포켓 1)이 위치한다. 포켓 1의 입구에는 Trp104의 indole 고리가 C말단

91) Spleen-type PGDS, glutathione-requiring enzyme으로 명명됨.

도메인의 '천장'을 이룬다. 포켓 1은 분지형 공간의 포켓 2에 통하는 통로를 가지고 있으며, 바깥 표면에 위치한 포켓 3쪽에도 열려있다. 포켓 2는 포켓 1과 3에 비해 친수성 잔기가 위치하며, 이 포켓의 기저에는 두 개의 물 분자가 2.9 Å 떨어져 있으며, 이 물 분자는 각각 Tyr152의 η-산소 원자, 그리고 Arg14의 ζ-질소 원자와 수소결합을 형성한다. PGH_2는 확장형인 경우, 6 Å의 고리, 10 Å 길이의 ω-사슬, 그리고 8 Å의 α-사슬로 구성된다. PGH_2의 결합모델에서 GSH의 γ-황 원자는 PGH_2의 산소-산소 다리에 인접하며, α-사슬의 carboxyl 그룹은 친수성의 포켓 2, ω-사슬은 소수성의 포켓 3에 걸치게 된다.

H-PGDS의 촉매반응 메커니즘의 초기단계는 탈수소이온화된 thiol 음이온 생성이다. 이는 GSH의 γ-황이 Tyr8의 η-산소와 수소결합을 형성하여 thiol 그룹의 pK_a를 낮춤으로써 가능하다. Thiol 음이온의 PGH_2의 산소에 대한 친핵성 공격으로 GSH-PGH_2 부가물이 형성된다. 이어서 용액에 있는 GS^-의 C11 수소에 대한 추가적인 공격으로 산소-황 결합이 분열되어 C11에 carbonyl이 형성된다. 마지막 단계는 GSH에서 C9 수산 음이온에 수소가 전달되어 PGD_2가 생성된다[2].

HQL-79[92)]은 *in vivo*에서 PGD_2의 합성을 저해한다. H-PGDS와의 결합 구조에서 HQL-79는 PGD_2 기질이 결합하는 촉매 틈새의 Trp104와 GSH 사이에 놓여있다[3]. HQL-79의 결합은 GSH의 결합을 공간적으로 방해하지 않는다. 반응속도론 분석에서도 HQL-79는 PGH_2의 경쟁적 저해제이지만, GSH에 대해서는 비경쟁적 저해 양상을 보인다. Tyr8은 GSH의 thiol 그룹을 활성화하지만, HQL-79의 결합에는 관여하지 않는다. HQL-79의 tetrazol 고리는 포켓 3의 입구에 위치하지만 포켓 3의 양이온 잔기와는 직접적으로 상호작용을 형성하지 않는다. 이 trtrazole 그룹의 곁사슬은 추가적 확장으로 결합 친화도의 증가를 기대할 수 있다. HQL-79의 두 페닐 그룹 중 첫 번째 페닐 (페닐 1)은 촉매틈새의 포켓 1의 천장에 삽입되고, Trp104와 약한 수소결합을 형성한다. W104I 돌연변이는 HQL-79에 대한 결합력이 26%로 감소하고 K_d는 5배 증가한다. 두 번째 페닐 (페닐 2)은 포켓 2의 기저부와 상호작용을 형성한다. 기저부에 위치한 Cys156을 Leu로 치환한 경우 HQL-79의 결합력은 완전히 소실된다. HQL-79의 piperidine 그룹은 GSH와 Arg14와 물 분자가 매개되 상호작용을 형성한다. 이 상호작용은 일련의 네트워크를 통해 Mg^{2+}와도 연결되어 있다. 네트워크에는 Cys 잔기의

92) 4-benzhydryloxy-1-[3-(1H-tetrazol-5-yl)-propyl]-piperidine

thiol 그룹, GSH γ-Glu의 carboxyl 그룹, Arg14의 guanidinium 그룹, 그리고 Asp96의 carboxyl 그룹이 참여한다. 결과적으로 GSH는 HQL-79의 결합 포켓을 안정화하며, Mg^{2+} 존재하는 경우 HQL-79에 대한 친화력을 증대한다.[93] R14E 돌연변이에서는 이와 같은 증대 효과가 관찰되지 않는다. GSH에 대한 K_m은 EDTA가 존재할 때 0.6 mM이지만 Mg^{2+}가 있는 경우에는 0.14 mM로 감소한다.

HQL-79의 결합 위치는 다른 H-PGDS 저해제인 BSPT[94] 경우와 유사하다. BSPT는 Tyr8, Arg14, Lys112, Cys156, 그리고 Lys198로 구성되는 촉매 포켓에 결합한다[4]. 포켓 1의 잔기인 Trp104의 indole 고리와 BSPT의 tetrazole 고리는 3.65 Å 떨어져 있다. BSPT의 benzothiazolyl 그룹은 Met11, Leu199와, phthalhydrazidyl 그룹은 Gln36과 van der Waals 거리에 위치한다. GSH의 Gly는 BSPT에서 불과 1.7 Å 떨어져 있어 공간적으로 저해제 결합에 방해가 된다. BSPT는 GSH에 대해 경쟁적 관계에 있으며, GSH가 존재하는 경우 결합력의 저하와 IC_{50}의 증가를 보인다. 세포 내의 GSH, $MgCl_2$의 농도가 1 mM 이상인 것을 고려할 때, 이들 물질에 의한 결합력의 증대는 HQL-79가 갖는 장점 중의 하나이다.

Lipocalin-type prostaglandin D synthase

Lipocalin-type의 prostaglandin D synthase (L-PGDS)는 PGHS-연계 효소들의 공통 기질인 PGH_2을 PGD_2로 전환한다[5]. 이 과정에서 PGH_2의 9,11-endoperoxide 그룹은 9-수산기와 11-keto 그룹으로 이성화된다. L-PGDS는 lipid 운반 단백질로 구성되는 lipocalin 계열[95]에 속하는 유일한 효소이다. L-PGDS에는 모든 종에서 보전되어 있는 세 Cys 잔기가 존재한다. 이 중 Cys89와 Cys186은 이황화 결합을 형성하며, 효소활성에 관여하지는 않는다. Cys65는 다른 lipocalin 단백질에서는 발견되지 않는 L-PGDS에 유일한 잔기로, 돌연변이 실험을 통해 촉매반응의 결정잔기로 확인되었다[6]. L-PGDS는 효소반응 이외에 세포 밖에서

93) GSH와 Mg^{2+}이 존재하는 경우 결합친화도는 12배 상승하며, IC_{50}는 16 μM에서 6 μM로 감소함.

94) 2-(2′-benzothiazolyl)-5-styryl-3-(4′-phthalhydrazidyl) tetrazolium chloride

95) Lipocalin에는 retinol-결합 단백질, β-lactoglobulin, aphorodisin 등이 있음.

96) 높은 친화력을 가지는 리간드로 retinoids, biliverdin, bilirubin, thyroid hormones, gangliosides, 그리고 amyloid β-peptide 가 있음 (K_d = 20 nM − 2 μM).

친지방성 리간드[96]를 운반하는 역할을 수행한다[7]. L-PGDS의 NMR 구조에서는 역평행의 β-가닥으로 구성된 배럴 형상으로 9개의 β-가닥, 2개의 짧은 3_{10} 나선, 그리고 1개의 긴 α-나선으로 구성되어 있다[8].[97] 배럴 내부에 형성되는 소수성 공간의 한쪽 끝은 열려 있으며, 이웃하는 β-가닥을 유연성이 큰 4개의 루프가 연결하고 있다. 이 공간은 두 갈래로 나뉜 형상이며 다른 lipocalin에서 발견되는 공간보다 규모가 크다.[98] 포켓 1은 공간의 중간에 위치하며, 포켓 2는 공간의 하단부에 위치한다. 포켓 2를 구성하는 잔기는 대부분 방향족 및 소수성 잔기이지만, 포켓 1에는 극성 잔기인 Ser/Thr로 둘러싸여 포켓 2보다 친수성을 띤다. 두 포켓은 Tyr149와 Thr67에 의해 분리되어 있다.

L-PGDS와 retinoic acid 결합 모델에서 리간드인 retinoic acid는 β-가닥 F와 G에 위치하며, cyclohexene고리는 소수성 포켓 2에 놓인다. 바닥에 위치한 Phe34, Phe39, Tyr105 그리고 Tyr149는 방향족 잔기 군집을 형성하여 retinoic acid와의 결합에 참여한다. 이들 잔기와 β-ionone 고리와의 거리는 4-5 Å으로 van der Waals 접촉을 암시한다. L-PGDS의 retinoic acid에 대한 해리상수는 80-150 nM로 retinoic acid 결합 단백질보다 높은 친화력을 보인다.[99] Retinoic acid의 지방족 사슬은 β-배럴의 열린 입구를 향하며, 말단 carboxyl 그룹은 β-가닥 F의 양이온 전하 지역에 위치한다.

PGH_2-docking 모델에서는 공간의 중간 부분이 결합에 참여하며, PGH_2의 cyclopentene 고리는 포켓 1을 점유한다. Cys65의 thiol 그룹은 PGH_2의 9,11-endoperoxide 그룹의 산소와 5 Å 떨어져 있다. Urade에 의해 제안된 반응 메커니즘에서는 Cys의 thiol 그룹이 PGH_2의 C11 산소를 친핵성 공격하여 반응이 개시된다[6]. 이어서 외재적 sulfhydryl 그룹이 C11의 수소를 추출하여 반응을 종결한다. Ser45, Thr67, 그리고 Ser81은 PGH_2의 endoperoxide 그룹의 산소와 4 Å 거리에 있으며, 이 중 Thr67은 돌연변이 분석을 통해 PGH_2와의 결합과정에 주요 잔기로 밝혀졌다[9]. PGH_2의 α-사슬은 공간의 가장자리에 위치한 His116과 Lys137의 곁사슬로 향하고 있다. PGH_2의 α-사슬과 retinoic acid의 지방족 사슬의 말단은 부분적으로 겹

97) β-가닥 A, 41-50; B, 63-71; C, 76-84; D, 89-98; E, 104-107; F, 115-121; G, 128-135; H, 144-149; I, 177-179; 3_{10}-나선 H1, 36-39; H2, 56-60; α-나선 H3, 157-171.

98) 공간 규모가 17 Å (깊이) × 16 Å (너비) × 8 Å (폭)임.

99) Retinoic acid 결합단백질의 해리상수는 900 nM임.

치며, 이 두 리간드의 carboxyl 그룹은 His116과의 결합에 경쟁적 관계일 가능성이 존재한다. 하지만 retinoic acid의 존재는 L-PGDS 활성에 비경쟁적 저해로 작용한다.[100)]

Prostacyclin synthase

Prostacyclin synthase (PGIS)는 class Ⅲ P450으로 전자전달 파트너나 산소분자를 필요하지 않으며, endoperoxide나 hydroperoxide를 기질로 사용한다. PGH_2는 PGIS의 촉매작용으로 prostacyclin[101)] (PGI_2)로 전환된다[10]. PGIS의 전체구조는 다른 P450과 유사하지만, 몇몇 나선, heme 주위, 굴곡 지역에서는 다소 차이를 보인다[11]. I 나선[102)]은 중간부분이 단열되어 N말단 쪽이 porphyrin 평면에서 위 쪽으로 굽어 있다. 굽어진 I 나선은 F/G 루프를 밀어올리고, B′ 나선은 I 나선을 향해 기울어 통로를 형성하며, 이 통로는 heme의 원위 포켓과 단백질 표면을 연결한다. I 나선은 원위 포켓을 형성하고, 잘 보전된 산-알코올 짝이 I 나선에 위치하여 P450 촉매에 중요한 역할을 담당한다. PGIS에는 이 짝이 존재하지 않으며, 그 자리에 Gly286 Asn287이 위치한다. Gly286의 carbonyl 산소원자는 두 물 분자와 수소결합을 이루며, 이어 F 나선에 위치한 Asp211과 β3-2 가닥의 Leu485와 수소결합을 형성하여 일련의 수소결합 다리를 만든다. 추가적으로 두 물 분자는 Ala283의 carbonyl 산소원자와 Thr284의 곁사슬 수산기와 수소결합 거리에 놓여있다. I 나선 주위에 있는 일련의 물 분자는 ferric peroxo 중간체의 수소이온화를 위한 배치로 간주된다. PGIS의 B′ 나선[103)]은 heme 그룹과 수직을 이루는 긴 나선으로 다른 P450에서는 짧고 heme과 평행이거나 아래로 향한다. F 나선은 중간의 3_{10} 나선 1회전으로 F 나선과 F′ 나선[104)]으로 분리된다. F′ 나선은 porphyrin 평면과 평행하며, 기질과의 상호작용이 예상된다. PGIS의 기질 결합부위는 소수성 공간으로 heme 근처에는 친수성 잔기 Gln280과 Asn287이 존재한다. 잔기 Trp282는 heme 철에서 8.4 Å 떨어져 있으며, 곁사슬이 porphyrin 평면과 평행하여 일종의 낮은 '천장' 역할을 하여 활성부위

100) 저해상수는 5-6 μM 수준임.
101) 강력한 혈관확장 및 혈소판응고 저해 작용을 담당함.
102) 잔기 E270 – L300
103) 잔기 H97 – F108
104) F 나선, 잔기 H190 – D211; F′ 나선, L214 – R219

부피를 제한하고 아울러 리간드 선택성에도 관여한다. PGH_2의 결합모델에서 I 나선의 일부 잔기와 기질의 고리는 공간적 충돌이 관찰되며, 실지 결합에서는 활성부위의 입체형태 변화가 예상된다.

PGIS 촉매 메커니즘에서 이성화 반응은 기질인 PGH_2의 C11 산소가 입체 특이적으로 heme 철에 결합하여 개시된다[12]. 철 (Ⅲ)에서 산소-산소 결합으로의 1전자 이동으로 endoperoxide는 균일적으로 분열하여 Fe(Ⅳ)-porphyrin과 alkoxy 라디칼을 형성한다. 라디칼과 alkene C6 사이의 고리화로 5각 고리와 C5 라디칼이 생기고, 이어 C5 라디칼은 Fe(Ⅳ)-porphyrin에 1전자를 제공하여 carbocation으로 전환된다. C6에서의 수소이온 소실로 C5/C6 이중결합이 생기면서 PGI_2가 생성된다.

Zebrafish PGIS (zPGIS) 결정구조는 인간 PGIS (hPGIS)의 경우와 대부분 일치한다[13]. 두 효소 모두 3개의 β-sheet와 12개의 α-나선으로 구성되는 P450 접힘을 보이지만 cysteine 리간드 루프에서는 차이가 관찰된다.[105)] U51605[106)]는 PGH_2와 유사한 구조를 가지며, C9, C11 위치에 산소 대신 질소가 존재하고 ω-사슬의 15-수산기는 결여되어 있다. U51605 대한 zPGIS의 해리상수는 ~1.9 μM 수준으로 zPGIS와의 결정구조에서 불활성 기질 유사체로 이용되었다. U51605는 heme 주위 소수성 포켓[107)]에 위치한다. U51605의 C11 질소는 heme 철과 2.2 Å 떨어져 있으며, C9 질소는 Asn277의 곁사슬 amide 질소와 수소결합을 형성한다. Carboxyl 그룹은 heme A-고리 propionate 쪽으로 향하고 있으며, Thr338의 골격 NH와 수소결합을 형성한다. U51605의 결합은 heme 근위부분의 상당한 입체형태 변화를 수반한다. 두 heme propionate 그룹은 아래쪽으로 밀려나 D-고리 propionate는 재배열되어 C 나선의 Lys119의 곁사슬과 염다리를 형성하며, A-고리 propionate 역시 β1-4 가닥의 Arg339 guanidinium과 염다리를 이룬다. 이는 대부분의 P450 단백질 구조에서 관찰되는 상호작용으로, zPGIS에서는 U51605과의 결합을 통해 상호작용이 복원되는 것으로 보인다. 물 분자의 배열도 U51605의 결합으로 변화를 겪는다. 활성부위에 위치한 10개의 물 분자는 주위 잔기 Trp272, Val273, Asn277, 그리고 A-고리 propionate와 수소결합을 유지하지만, U51605와

---

105) 이 지역의 편차는 전체 평균인 1.3 Å보다 높은 2.1 Å임.

106) 9,11-azoprosta-5,13-dienoic acid

107) Tyr97, Ala98, Leu101, Trp272, Val273, Asn277, Ala335, 그리고 Thr338로 구성됨.

의 결합으로 대부분의 물 분자는 치환되며, 오직 두 물 분자만이 종래의 상호작용을 유지한다.

저해제인 minoxidil[108]과의 결합에서도 hPGIS는 입체형태 변화를 보이지만 U51605 경우와 비교할 때 다소 미약하다. Minoxidil 결합은 I 나선의 전위를 거의 가져오지 않지만, B′ 나선, B/C 루프, C′ 나선, 그리고 cysteine 리간드 루프에는 현저한 구조적 변동을 유발한다. 결과적으로 heme 그룹은 I 나선에서 멀어지며, 기질입구 통로를 향해 위치이동을 하게 된다. Cysteine 리간드 루프의 His438 곁사슬은 ~30° 회전하여 B′ 나선의 N말단에 위치한 Phe96의 benzyl 그룹과 겹친 형상을 한다. 이들 곁사슬의 π-π 상호작용으로 나선의 일부가 풀리게 되어 Tyr99는 heme 쪽으로 ~60° 회전한다. Minoxidil 결합은 pyrrole 고리에 대한 propionate의 위치에 영향을 주지 않는다. 대신 propionate는 물 분자들과 수소결합을 형성한다. 6개의 물 분자에서 3개는 minoxidil 저해제와 효소의 다리역할을 하며, 나머지 3개는 Trp282, Gly482, 그리고 Phe483과 수소결합을 이룬다. 결국 heme propionate 그룹은 효소와의 직접적인 상호작용 보다는 결합된 물 분자와의 상호작용으로 고정되어 있다.

미소체 prostaglandin E synthase-1

PGHS에 의해 생성된 PGH_2는 3개의 각기 다른 효소에 의해 PGE_2로 이성화된다.[109] 그 중 미소체 prostaglandin E synthase-1 (mPGES-1)은 PGHS-2의 발현과 연계되어 있어 많은 관심의 대상이다[14]. mPGES-1는 MAPEG[110] 군에 속하며, leukotriene 합성에 관여하는 5-lipoxygenase-activating protein (FLAP)과 leukotriene C4 synthase(LTC4S)도 같은 계열에 속한다[15]. mPGES-1는 동종삼합체이며, 각 단위체는 4개의 막횡단 나선[111]으로 구성된다[16]. TM1은 Lys41에서 종료되는 긴 나선으로 구성이 다양하며 촉매반응에 관여하지 않는다. 두 번째 나선 TM2 (잔기 61 – 90)에는 Pro81이 위치하여 나선이 막 중간에서 꼬이게 된다. 이 잔기는 모든 MAPEG에서 보전되어 있다. TM3와 TM4는 4잔기의 루프에 의해 연결되어 있으며 막의 세포질 쪽에 TM1, TM2보다 덜 노출되어 있다. 각 단위체의 N말단은 이웃

108) 6-(1-piperidyl)-2,4-diaminopyrimidine-3-oxide

109) 세포질 PGE synthase, 미소체 PGE synthase type I, 그리고 미소체 synthase type II임.

110) Membrane-associated proteins in eicosanoid and glutathione metabolism

111) TM1, TM2, TM3, 그리고 TM4

하는 단위체의 C말단이 근접하며, 각 단위체의 TM2는 내부 코어를 형성한다. 형성된 코어의 내강 쪽은 방향족 잔기의 곁사슬에 의해 막혀 있으며, 세포질 쪽은 열려있는 '깔대기' 형상이다. mPGES-1에는 인지질 이중층을 향해 노출되어 있는 전하성 곁사슬이 발견되지 않는다. TM1의 중간에 위치한 Lys26은 같은 단위체의 TM2의 Asp75와 이온결합을 형성한다.

GSH는 U자 형상으로 LTC4S 경우보다 안쪽으로 깊이 들어가 있다. 한 분자의 GSH는 TM과의 상호작용을 고정되어 있으며, 두 개의 Arg/Tyr 쌍 (Arg70/Tyr117, Arg126/Tyr130)이 GSH의 Gly와 Cys과 각각 접촉하고 있다. Arg70과 Arg38은 GSH 양말단의 carboxyl 그룹과 염다리를 형성하며, Arg70의 치환은 효소활성에 영향을 미친다. GSH의 thiol 그룹은 Arg126과 3.8 Å 떨어져 있으며, TM1과 이웃한 TM4 사이의 막을 향해 위치한다.

R126A와 R126Q은 현저한 활성 감소를 가져온다. 흥미롭게도 이 돌연변이는 이성화 활성은 감소하지만 reductase 활성을 보여 주 생성물로 $PGF_{2\alpha}$가 관찰된다[17]. mPGES-1에 의한 효소반응은 GSH 의존적이며 endoperoxide 산소-산소 결합 분열과 C9 수소제거를 포함한다. 반응 메커니즘에서 GSH thiolate 이온은 C9 endoperoxide 산소를 공격하여 혼합형 sulfide를 형성한다. 이어지는 C9에서 탈수소이온과 산소-황 결합의 분열은 PGE_2의 생성과 GSH thiolate의 재생을 가져온다. 혼합형 sulfide 중간체는 두 번째 GHS thiolate의 공격으로 환원반응이 일어나기가 용이하다. 촉매 활성부위에 Arg126의 존재는 이와 같은 환원반응을 차단하지만, Arg126의 치환으로 확보되는 공간에 두 번째 GSH가 위치하면 환원반응이 일어날 수 있는 가능성이 생긴다.

미소체 prostaglandin E synthase-2

미소체 prostaglandin E synthase-2 (mPGES-2)는 다양한 장기의 미소체에 분포되어 있으며, 촉매작용에 GSH를 필요하지 않는다[18]. 하지만 thiol을 포함하는 물질[112)]이 존재하는 경우 촉매활성은 2-4배 증가한다[19]. mPGES-2 서열에는 glutaredoxin과 thioredoxin의 활성부위에서 보이는 Cys-Xaa-Xaa-Cys motif가 존재한다. C110S 치환은 활성소실을 가져오지만 Cys113은 활성에 영향을 주지 않는 사실은 Cys110가 촉매 잔기임을 뒷받침한다. mPGES-2의 N말단 (잔기 100 – 373)은 4개의 β-가닥을 포함하는 α/β 구조이며, 중앙 도메

112) DTT, dihydrolipoic acid, 또는 GSH

인 (잔기 180 - 222)은 긴 역평행의 루프와 양쪽에 짧은 나선으로 구성되어 있다[20]. C말단 (잔기 223 - 373)은 8개의 나선이 루프로 연결되어 있다. 결정구조에 사용된 저해제 indomethacin의 결합부위는 N말단과 C말단 사이에 위치한다. 결합부위는 두개의 소수성 포켓이 연결되어 V자 형을 이루는 공간으로 Ile264가 두 포켓 사이에 위치한다. Indomethacin의 OMe-indole과 chloro-phenyl 그룹은 각각의 소수성 포켓에 깊이 묻혀있다. Indomethacin의 carboxyl 그룹은 Cys110의 Sγ와 수소결합을 형성하며, 이 결합은 Tyr107, Cys113, 그리고 Phe112의 결사슬을 포함하는 수소결합 네트워크의 일부이다.

Indomethacin의 결합양상과 PGDS 경우를 고려한 PGH_2의 결합모델에서는 mPGES-2의 입체형태는 변경되지 않으며, PGH_2의 α와 ω 사슬이 각각 두 개의 소수성 포켓에 배치된다. α 사슬의 carboxyl 그룹은 Gly268, Lys269와 수소결합을 형성하며, ω 사슬의 C15 수산기는 Ser247의 Oγ와 Tyr251의 Oη와 두 개의 수소결합을 형성한다. PGH_2의 O9과 O11은 Cys110의 Sγ와 상호작용 거리에 위치한다. 물 분자는 Tyr107의 Oη와 PGH_2의 O9 사이에 위치하며, 이 공간은 다양한 R-SH 물질의 -SH가 위치하여 수소결합을 형성할 수 있는 규모이다. DTT나 dihydrolipoic acd와 같이 두 게의 -SH 그룹은 가진 경우는 촉매활성 증진이 단일 -SH 물질보다 높다[19]. 이는 분자내의 -SH 그룹 사이의 결합에 의해 pK_a의 감소를 가져오고, 따라서 탈수소이온화된 thiol 음이온이 쉽게 형성되기 때문이다. mPGES-2에서 예상되는 반응 메커니즘에서 초기단계는 Cys110을 둘러싼 수소결합 사슬에 의한 Sγ의 pK_a 감소다. 수소이온은 Cys110에서 PGH_2의 O11으로 전이되며, 생성된 thiol 음이온은 O9을 공격하여 공유성 O9-Sγ 결합을 형성함과 동시에 O9-O11 결합은 분리된다. Tyr107의 Oη와 PGH_2의 C9 사이에 위치하는 물 분자나 R-SH 물질의 -SH 그룹은 염기로 작용하여 C9에서 수소원자를 추출하게 된다. 이 추출은 O9-Sγ 결합 분열에 연계되어 일어나며, 최종적으로 C9과 O9 사이의 이중결합으로 carbonyl 그룹을 형성한다.

Prostaglandin F synthase

Prostaglandin F synthase (PGFS)는 aldo-keto hydroxysteroid reductase (AKR) 군에 속하며, AKR1C3로 명명된다. NADPH 존재 시 PGD_2에서 9α,11β-PGF_2 생성을 촉매하며,

PGH_2를 $PGF_{2\alpha}$로 환원한다[21].[113] 이 효소는 다양한 carbonyl 물질[114]을 환원하는 성질을 보이기도 한다. PGFS 구조는 AKR 군에 속하는 효소들이 가지는 $(\alpha/\beta)_8$ 배럴 형태로 루프 4, 7, 9가 부분적으로 배럴의 C말단을 감싸고 있다[22]. N말단의 두 개의 β-가닥, C말단의 두 개의 α-나선이 추가적으로 위치한다. 결합된 NADP는 β-가닥과 α-나선을 연결하는 루프와 상호작용한다. Nicotinamide 부분은 배럴의 중앙에 위치하며, adenine은 효소의 외부표면에 노출되어 있다. Adenine 고리는 나선 8의 Gln279, Asn280, 그리고 물 분자와 상호작용하며, adenosine에 연결된 인산은 루프 8에 위치한 잔기[115]와, diphosphate 그룹은 루프 7, 8에 위치한 잔기[116]와 수소결합을 형성한다. Nicotinamide 고리는 루프 5의 Ser166, Asn167, 그리고 루프 5의 Gln190과 수소결합 거리에 있으며, 루프 7의 Tyr216 페닐 고리와 적층 상호작용을 형성한다.

PGD_2는 결합된 NADP 위쪽에 위치하며, 루프 1,2,4,7, 그리고 9에 둘러싸여 있다. Cyclopentane 고리는 활성부위 공간에 깊이 들어가 있지만, 양쪽 사슬은 효소와 거의 접촉하지 않는다. 고리의 carbonyl O11은 Tyr55의 Oη와 His117의 Nε2와 수소결합을 형성한다. Cyclopentane 고리는 NADP의 nicotinamide 고리와 평행하며, PGD_2의 C11과 NADP의 C4는 3.6 Å 떨어져 있어 pro-R H4가 직접 이동할 수 있는 가능성을 암시한다. 또한 NADP와 PGD_2의 배치는 NADP가 가장 먼저 결합하고 최종적으로 방출되는 순차적 'bi-bi mechanism'을 따를 것으로 보이며 NADP의 결합 및 해리가 속도조절 단계로 예상된다.

저해제 rutin은 flavonol glycoside로 quercetin, D-glucose, 그리고 L-rhamnose로 구성된다. Rutin의 결합은 U자 형으로 catechol과 rhamnose는 효소 공간에 깊이 들어가 있으며, dihydroxychromone과 glucose는 효소 밖에 위치하여 효소와 거의 상호작용하지 않는다. Catechol은 NADP의 nicotinamide 고리 위에 적층되어 catechol의 O13은 PGD_2 경우와 같이 Tyr55, His117과 수소결합을 형성한다. Rhamnose의 두 수산기 O2′, O3′은 Tyr216, nicotinamide의 cabamoyl 그룹과 각각 수소결합 거리에 위치한다.

---

113) PGD_2 11-ketoreductase, PGH_2 9,11-endoperoxide reductase 활성

114) 9,10-phenanthrene auinone, nitrobenzaldehyde, 그리고 nitroacetophenone

115) Leu270, Ser271, Tyr272, 그리고 Arg276

116) 루프 7의 Ser217, Leu219, Ser221, Gln222, 그리고 루프 8의 Lys270

Bimatoprost (BMP)는 $PGF_{2\alpha}$ 유사체로 α 사슬의 산성 carboxyl 그룹이 중성의 ethylamide로 치환되어 있다. BMP는 결합한 NADP의 위쪽에 위치하며, cyclopentane 고리의 두 수산기는 NADP의 nicotinamide 고리를 향하지만 특별한 상호작용은 존재하지 않으며 고정된 물 분자와 수소결합을 형성한다[23]. α 사슬의 O1과 N1′은 Ser118의 Oγ, 고정된 물 분자와, ω 사슬의 O15는 Ser129의 Oγ, 고정된 물 분자와 수소결합을 이룬다. BMP의 극성부분은 수소결합에 참여하며, 나머지 부분은 효소의 소수성 잔기[117]와의 소수성 상호작용에 참여한다. PGD_2와의 결합과 비교하면 α 사슬과 ω 사슬이 도치된 모습이다. 따라서 BMP와 PGD_2의 cyclopentane 고리는 NADP의 nicotinamide 고리를 향해 서로 반대면을 보여주는 형상이다. BMP는 PGFS의 두 활성 PGD_2 11-ketoreductase와 PGH_2 9,11-endoperoxide reductase를 저해한다. BMP 결합모드는 PGH_2 기질결합모델에 적용될 수 있으며 이를 통한 촉매반응 메커니즘 설명이 가능하다. PGH_2의 cyclopentane 고리는 α, ω 사슬의 수소결합 방해 없이 이동하여 endoperoxide O9의 위치가 NADP의 C4에 3.5 Å 거리에 놓일 수가 있다. 적정거리에 위치하면 PGD_2 경우와 같이 pro-R H4의 이동으로 환원반응이 진행됨을 예상할 수 있다. Y55F 치환은 PGD_2 11 ketoreductase 활성의 소실을 가져오지만 PGH_2 9,11-endoperoxide reductase 활성에는 영향을 주지 않는다. 이는 PGD_2와 PGH_2의 반응 메커니즘이 동일하지 않으며 아마도 결합형태에서도 차이가 있음을 암시한다. 반응속도에서도 특정한 잔기가 관여하지 않는 PGH_2에서는 PGD_2에 비해 현저한 감소가 관찰된다.[118]

Thromboxane A synthase

Thromboxane A synthase (TRAS)는 PGH_2에서 thromboxane A_2로의 이성화 반응과 12-HHT[119]와 malondialdehyde 두 분자로 분리되는 반응을 거의 같은 정도로 촉매한다[24]. TRAS의 heme 그룹은 P450의 경우와 유사하며, 특히 heme의 원위 포켓은 $P450_{cam}$와 유사한 소수성 환경을 이룬다. Heme은 철(Ⅲ)에서 철(Ⅳ)의 산화전이를 경험하며, 동시에 PGH_2

---

117) 방향족 잔기 Tyr24, Trp86, Phe139, Trp227, Phe306, Phe311, 그리고 Tyr319

118) k_{cat}은 각각 $5.7 \times 10^{-3}\ s^{-1}$, $1.42 \times 10^{-2}\ s^{-1}$이며, k_{cat}/K_m은 $2.28 \times 10^2\ M^{-1}\ s^{-1}$, $9.47 \times 10^3\ M^{-1}\ s^{-1}$임.

119) 12-hydroxyheptadecatrienoic acid

는 endoperoxide 고리가 개방된다. 근위 heme 리간드인 Cys480은 효소활성의 주요 잔기로 His로의 치환에도 활성이 소실된다[25]. Heme의 적정위치화에 Trp133, Arg478, Asn110, 그리고 Arg413이 관여하는 것으로 보이며, Ala408은 PGH_2의 비극성 부분의 위치화에 관여하는 잔기로 예상된다.

참고문헌

1. Ujihara, M., et al., *Prostaglandin D2 formation and characterization of its synthetases in various tissues of adult rats*. Arch Biochem Biophys, 1988. **260**(2): p. 521-31.
2. Kanaoka, Y., et al., *Cloning and crystal structure of hematopoietic prostaglandin D synthase*. Cell, 1997. **90**(6): p. 1085-95.
3. Aritake, K., et al., *Structural and functional characterization of HQL-79, an orally selective inhibitor of human hematopoietic prostaglandin D synthase*. J Biol Chem, 2006. **281**(22): p. 15277-86.
4. Inoue, T., et al., *First determination of the inhibitor complex structure of human hematopoietic prostaglandin D synthase*. J Biochem, 2004. **135**(3): p. 279-83.
5. Urade, Y., N. Fujimoto, and O. Hayaishi, *Purification and characterization of rat brain prostaglandin D synthetase*. J Biol Chem, 1985. **260**(23): p. 12410-5.
6. Urade, Y., et al., *Structural and functional significance of cysteine residues of glutathione-independent prostaglandin D synthase. Identification of Cys65 as an essential thiol*. J Biol Chem, 1995. **270**(3): p. 1422-8.
7. Tanaka, T., et al., *Lipocalin-type prostaglandin D synthase (beta-trace) is a newly recognized type of retinoid transporter*. J Biol Chem, 1997. **272**(25): p. 15789-95.
8. Shimamoto, S., et al., *NMR solution structure of lipocalin-type prostaglandin D synthase: evidence for partial overlapping of catalytic pocket and retinoic acid-binding pocket within the central cavity*. J Biol Chem, 2007. **282**(43): p. 31373-9.
9. Irikura, D., et al., *Characterization of a major secretory protein in the cane toad*

(Bufo marinus) choroid plexus as an amphibian lipocalin-type prostaglandin D synthase. J Biochem, 2007. **141**(2): p. 173-80.

10. Vane, J.R. and R.M. Botting, *Pharmacodynamic profile of prostacyclin*. Am J Cardiol, 1995. **75**(3): p. 3A-10A.
11. Chiang, C.W., et al., *Crystal structure of the human prostacyclin synthase*. J Mol Biol, 2006. **364**(3): p. 266-74.
12. Hecker, M. and V. Ullrich, O*n the mechanism of prostacyclin and thromboxane A2 biosynthesis*. J Biol Chem, 1989. **264**(1): p. 141-50.
13. Li, Y.C., et al., *Structures of prostacyclin synthase and its complexes with substrate analog and inhibitor reveal a ligand-specific heme conformation change*. J Biol Chem, 2008. **283**(5): p. 2917-26.
14. Ueno, N., et al., *Coupling between cyclooxygenases and terminal prostanoid synthases*. Biochem Biophys Res Commun, 2005. **338**(1): p. 70-6.
15. Bresell, A., et al., *Bioinformatic and enzymatic characterization of the MAPEG superfamily*. FEBS J, 2005. **272**(7): p. 1688-703.
16. Jegerschold, C., et al., *Structural basis for induced formation of the inflammatory mediator prostaglandin E2*. Proc Natl Acad Sci U S A, 2008. **105**(32): p. 11110-5.
17. Hammarberg, T., et al., *Mutation of a critical arginine in microsomal prostaglandin E synthase-1 shifts the isomerase activity to a reductase activity that converts prostaglandin H2 into prostaglandin F2alpha*. J Biol Chem, 2009. **284**(1): p. 301-5.
18. Watanabe, K., et al., *Two types of microsomal prostaglandin E synthase: glutathione-dependent and -independent prostaglandin E synthases*. Biochem Biophys Res Commun, 1997. **235**(1): p. 148-52.
19. Tanikawa, N., et al., *Identification and characterization of a novel type of membrane-associated prostaglandin E synthase*. Biochem Biophys Res Commun, 2002. **291**(4): p. 884-9.
20. Yamada, T., et al., *Crystal structure and possible catalytic mechanism of microsomal*

prostaglandin E synthase type 2 (mPGES-2). J Mol Biol, 2005. **348**(5): p. 1163-76.

21. Watanabe, K., et al., *Stereospecific conversion of prostaglandin D2 to (5Z,13E)-(15S)-9 alpha-11 beta,15-trihydroxyprosta-5,13-dien-1-oic acid (9 alpha,11 beta-prostaglandin F2) and of prostaglandin H2 to prostaglandin F2 alpha by bovine lung prostaglandin F synthase.* Proc Natl Acad Sci U S A, 1986. **83**(6): p. 1583-7.
22. Komoto, J., et al., *Crystal structure of human prostaglandin F synthase (AKR1C3).* Biochemistry, 2004. **43**(8): p. 2188-98.
23. Komoto, J., et al., *Prostaglandin F2alpha formation from prostaglandin H2 by prostaglandin F synthase (PGFS): crystal structure of PGFS containing bimatoprost.* Biochemistry, 2006. **45**(7): p. 1987-96.
24. Diczfalusy, U., P. Falardeau, and S. Hammarstrom, *Conversion of prostaglandin endoperoxides to C17-hydroxy acids catalyzed by human platelet thromboxane synthase.* FEBS Lett, 1977. **84**(2): p. 271-4.
25. Wang, L.H., et al., *Identification of thromboxane A2 synthase active site residues by molecular modeling-guided site-directed mutagenesis.* J Biol Chem, 1996. **271**(33): p. 19970-5.

VIII. PGHS 유사 효소의 구조적 특성

PIOX

식물방어체계의 일부인 병원체-유발 oxygenase (PIOX)는 탄소 수 18-22의 지방산 전구체에서 oxylipin을 생성한다. Heme 단백질 군에 속하는 PIOX는 포유류의 PGHS-1/PGHS-2와 같이 지방산의 산소첨가 과정을 촉매한다[1]. 예를 들어 linoleic acid (LA)는 입체 특이적으로 2(R)-hydroperoxide로 전환되고 이어 자발적인 탈카복실화에 의해 aldehyde와 길이가 줄어든 지방산이 된다. PIOX에 의한 dioxygenation 반응은 C2의 proR 수소가 추출되고 이어 산소첨가가 입체 특이적으로 일어난다.

대부분이 식물 lipoxygenase나 PGHS와는 달리 PIOX는 포화 탄소에 산소를 첨가한다. PIOX가 속하는 지방산 α-dioxygenase군은 COX heme 결합의 His207, His388, 그리고 촉매개시의 Tyr385 잔기가 보전되어 있어 촉매 메커니즘은 PGHS와 유사할 것으로 보인다. 구조적으로 heme의 원위 쪽으로 접근할 수 있는 공간이 PGHS에 비해 제한적인 사실은 PIOX의 POX 활성이 비교적 낮게 나타나는 원인 중의 하나일 수 있다. PIOX의 기질특이성, 특히 carboxyl 그룹, C1, C2와의 결합에 참여하는 몇몇 잔기가 제시되었다[2]. 구조적 모델에서는 촉매기능의 Tyr (Tyr379)과 LA 아래쪽으로 소수성 홈이 위치하고, C2와 Tyr379의 수산기가 2.8 Å 떨어져 있다. LA의 카복실기가 소수성 홈 안쪽에 잠겨 있는 모습은 PGHS 경우와 대조적이다. PGHS에서는 오히려 ω-말단이 그 위치를 차지하고 있으며 carboxyl 그룹은 입구의 개방통로에 노출되어 Arg120, Tyr355와의 상호작용을 통해 안정화된다. 이와 같은 기질의 역배열은 기질의 산소화 위치가 PGHS와 달리 C2인 것에서 원인을 찾을 수 있다.

Methyl-linoleic acid나 methyl α-linolenic acid가 PIOX에 의해 산소첨가가 일어날 수 없는 사실은 다음 두 가지 가능성을 암시한다. 변경된 기질이 PIOX의 활성부위인 소수성 홈에 접근하여 결합하기에는 부피가 크거나, 설사 결합이 일어난다 해도 C2가 Tyr379 라디칼에 대해 적절한 배치가 이루어 지지 못한다는 것이다. 이는 EPA가 PGHS-1에 결합할 때 발생되는 결합모드와 유사하다[3]. 구조모델에서는 소수성 홈 내부로 향하는 두 잔기 His311, Arg559가 보이는 데, PGHS의 나선 6과 나선 17에 상응하는 POIX 나선 상에 위치하고 있다. 이 두 나선에는 Val349, Val523, 그리고 Ser530이 존재하며, 아라키돈산이 PGG_2로 전환되는 과정에 중요한 역할을 담당한다. Arg559의 치환은 COX 활성과 결합친화도의 현저한 감소를 가져온다. Arg559는 지방산의 carboxyl 그룹과 이온결합을 형성하여 소수성 환경에서 기질-효소결합의 안정화에 기여하고, PGHS 효소의 Arg120과 매우 유사한 기능을 담당하는 것으로 보인다. H311A나 H311Q는 LA의 산소첨가 효율의 현저한 감소를 보이지만 K_m 수치의 변화는 거이 없다. 아마도 기질 결합도에 미치는 영향은 미미하지만 변경된 결합양상으로 LA 기질의 C2 산소첨가가 저하된 것으로 보인다.

PIOX는 PGHS와 약 20%의 아미노산 동일성을 보인다. 잠재적 근위 heme 리간드인 His383의 치환으로 효소활성이 소실되지 않으며, PIOX에서는 PGHS와 같은 heme 주위 잔기의 높은 보전성이 관찰되지 않는다. PIOX의 heme은 단위체당 한 개가 존재하며, 공유결합으로 고정되어 있는 몇몇 MPO 군 peroxidase[120)]와 달리 해리되기도 한다. EPR 분석을 통해 휴지상태의 heme은 6배위가, 고-스핀 ferric 상태이며, Soret 지역의 흡광도계수는 PGHS-1에서 보이는 수치와 유사하다[4].[121)] Ferric heme은 dithionite와의 반응으로 ferrous 상태로 전환되며, 공기 중에서 다시 산화된다. 이와 같은 가역성 역시 PGHS-1에서의 관찰과 동일하다[5]. PIOX는 대부분 heme 원위 리간드와의 결합력을 보이지 않는다. Cyanide는 강한 저해성[122)]을 보이며, 저해 양상은 비경쟁적이다.

Aspirin에 의해 아세틸화되는 PGHS Ser530에 상응하는 잔기가 PIOX에서는 분명하지 않다. 유사한 위치에 있는 Ser558은 효소활성에 직접 관여하는 것으로 보이며, NSAID 처리로 PIOX 활성이 달라지지 않는다. 기질 유사체인 3,4-dehydromyristate는 C2 수소 추출 시, C2-C4 allyl 라디칼 생성이 예견된다. 이어지는 산소분자 삽입으로 4-hydroperoxy acid가 생성되고 carbonyl 기에 연계된 이중결합은 발색단으로 작용할 수 있다. 하지만 이 유사체와

---

120) Thyroid peroxidase, myeloperoxidase, lactoperoxidase, 그리고 eosinophil peroxidase

121) PIOX에서는 140 mM^{-1} cm^{-1}, PGHS-1은 120 – 165 mM^{-1} cm^{-1}임.

122) K_i는 ~5 μM임.

PIOX의 반응은 일어나지 않으며, 효소는 시간-의존적 비활성화를 경험하게 된다[6]. 3-Thiamyristate는 C2 라디칼의 안정화로 EPR 관측에 용이할 것으로 예상되지만, myristate에 비해 1/6 활성을 보이는 약한 기질로 촉매과정에서 PIOX의 자가 불활성화를 유도한다. 예상된 g = 2에서의 EPR 스펙트럼이 관찰되지 않는 점은 PGHS의 arachidonyl 라디칼과 같이 기질 유래의 라디칼 중간체가 PIOX에서는 축적되지 않음을 암시한다.

Coral COX

Coral COX (*P. homomalla*)는 서식하는 지역에 따라 15-R 또는 15-S 입체화학 특이성을 보여준다[7, 8]. 이는 15-S 입체배열의 프로스타글란딘을 생성하는 포유류 PGHS와는 대조적이다. 이 두 산호 COX(15R-COX와 15S-COX)는 97%에 이르는 아미노산 동일성을 보이지만 상반된 입체화학을 보인다. 특징적인 구조단위인 EGF-like 도메인, MBD, COX와 POX 활성부위를 포함하는 구형중앙도메인을 모두 가지고 있다. 촉매활성부위의 주요 잔기 역시 잘 보존되어, Tyr385, Ser530, Arg120, 그리고 Tyr355가 1차 서열 분석결과 포유류 PGHS와 동일한 위치에 존재한다. 이와 같은 높은 유사성과 함께 산호 COX만의 특이적 성향으로 MBD에서 친수성/소수성 잔기가 번갈아 나타나는 전형적인 특징이 부분적으로 결손되어 막에 대한 친화력의 약화를 예상된다. POX 활성부위의 주요 잔기는 잘 보전되어 있지만, 기질 결합부위를 덮는 잔기 289-295에서 크기가 큰 잔기들이 있어 기질 접근이 포유류 PGHS보다는 덜 개방적이다. 잠재적 *N*-글라이코실화 위치에서도 차이를 보인다. Asn144는 동일위치에 존재하지만, 나머지는 위치에서 차이를 보인다. 대표적 동종효소 특이적 잔기인 434, 513, 그리고 523에는 Met, Leu, 그리고 Ile 잔기가 각각 배치되어 있어 부분적으로 PGHS-1에 가깝다.

15R-COX와 15S-COX 사이에 서열이 다른 17개 잔기 중에 촉매활성부위에 존재하는 아미노산은 유일하게 349번으로 15R-COX는 Ile가, 15S-COX에서는 Val이 놓여 있다. 15S-COX V349I 돌연변이 효소는 생성물 프로파일에서 15R로의 전환율이 35%이며, 15R-COX I349V 경우에는 70%를 나타낸다[8]. PGHS-1/PGHS-2에서도 Val349가 유사한 역할을 수행한다. 다른 16개 잔기는 활성부위로부터 떨어져 주로 단백질 표면에 분포되어 있다. 돌연변이 분석결과를 종합하면 15S 입체화학의 주요 잔기는 나선 5번과 나선 6번 위치한 것으로 파

악된다. 이 두 나선은 나선-turn-나선 motif를 이루고 있고 중앙 촉매도메인의 골격을 형성한다. 대부분의 PGHS가 이 영역에서 높은 보전성을 보이는 데 반해, 산호 COX에서는 차이를 보이는 17개 잔기 중에 5개가 이 두 나선에 위치하여 입체화학의 주요 결정인자로 작용한다 [9].

참고문헌

1. Sanz, A., J.I. Moreno, and C. Castresana, *PIOX, a new pathogen-induced oxygenase with homology to animal cyclooxygenase*. Plant Cell, 1998. **10**(9): p. 1523-37.
2. Koszelak-Rosenblum, M., et al., *His-311 and Arg-559 are key residues involved in fatty acid oxygenation in pathogen-inducible oxygenase*. J Biol Chem, 2008. **283**(36): p. 24962-71.
3. Malkowski, M.G., et al., *Structure of eicosapentaenoic and linoleic acids in the cyclooxygenase site of prostaglandin endoperoxide H synthase-1*. J Biol Chem, 2001. **276**(40): p. 37547-55.
4. Liu, W., et al., *Characterization of the heme environment in Arabidopsis thaliana fatty acid alpha-dioxygenase-1*. J Biol Chem, 2004. **279**(28): p. 29805-15.
5. Titus, B.G., R.J. Kulmacz, and W.E. Lands, *Selective destruction and removal of heme from prostaglandin H synthase*. Arch Biochem Biophys, 1982. **214**(2): p. 824-8.
6. Liu, W., et al., *Arabidopsis thaliana fatty acid alpha-dioxygenase-1: evaluation of substrates, inhibitors and amino-terminal function*. Plant Physiol Biochem, 2006. **44**(5-6): p. 284-93.
7. Valmsen, K., et al., *The origin of 15R-prostaglandins in the Caribbean coral Plexaura homomalla: molecular cloning and expression of a novel cyclooxygenase*. Proc Natl Acad Sci U S A, 2001. **98**(14): p. 7700-5.
8. Valmsen, K., et al., *Structural and functional comparison of 15S- and 15R-specific cyclooxygenases from the coral Plexaura homomalla*. Eur J Biochem, 2004. **271**(17):

p. 3533-8.

9. Valmsen, K., et al., *A critical role of non-active site residues on cyclooxygenase helices 5 and 6 in the control of prostaglandin stereochemistry at carbon 15*. J Biol Chem, 2007. **282**(38): p. 28157-63.

부록 1. PGHS COX/POX 반응 메커니즘

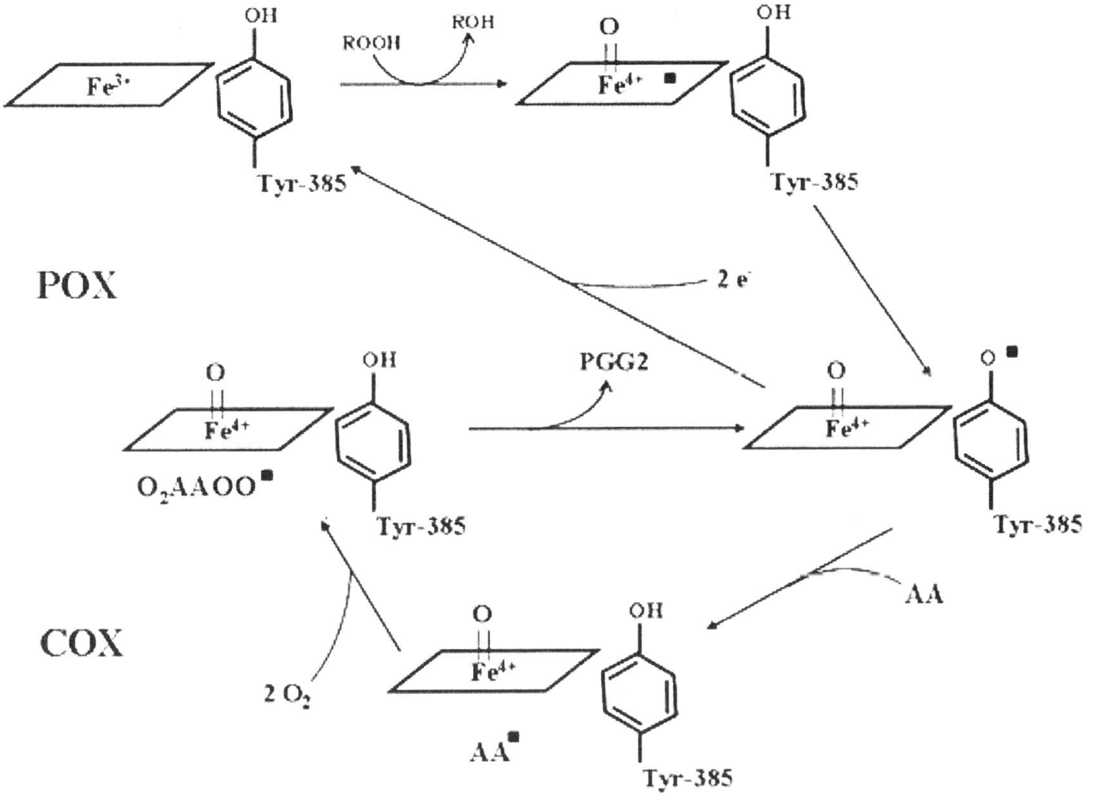

부록 2. Prostaglandin 생합성효소 서열정렬

PGHS[1)]

```
                        10        20        30        40        50        60
                         |         |         |         |         |         |
PGHS2_RAT       -------------MLFR--------AVLLCAALALSHAANPCCSNPCQNRGECMSIGFDQ
PGHS2_MOUSE     -------------MLFR--------AVLLCAALGLSQAANPCCSNPCQNRGECMSTGFDQ
PGHS2_RABIT     -------------MLAR--------ALLLCAAVALSHAANPCCSNPCQNRGVCMTMGFDQ
PGHS2_BOVIN     -------------MLAR--------ALLLCAAVALSGAANPCCSHPCQNRGVCMSVGFDQ
PGHS2_SHEEP     -------------MLAR--------ALLLCAAVVCG-AANPCCSHPCQNRGVCMSVGFDQ
PGHS2_HUMAN     -------------MLAR--------ALLLCAVLALSHTANPCCSHPCQNRGVCMSVGFDQ
PGHS1_RAT       MSRRSLSLQFPLLLLLLLL----PPPPVLLTDAGVPSPVNPCCYYPCQNQGVCVRFGLDH
PGHS1_MOUSE     MSRRSLSLWFPLLLLLLLP----PTPSVLLADPGVPSPVNPCCYYPCQNQGVCVRFGLDN
PGHS1_SHEEP     MSRQSISLRFPLLLLLL------SPSPVFSADPGAPAPVNPCCYYPCQHQGICVRFGLDR
PGHS1_BOVIN     MSRQGISLRFPLLLLLL------SPSPVLPADPGAPAPVNPCCYYPCQHQGICVRFGLDR
PGHS1_HUMAN     MSR-SLLLRFLLFLLLL------PPLPVLLADPGAPTPVNPCCYYPCQHQGICVRFGLDR
PGHS1_RABIT     MSRSSPSLRLPVLLLLLLLLLLPPPPPVLPADPGAPAPVNPCCYFPCQHQGVCVRVALDR
                             :*            :: :      ..****  ***::* *:  .:*.

                        70        80        90       100       110       120
                         |         |         |         |         |         |
PGHS2_RAT       YKCDCTRTGFYGENCTTPEFLTRIKLLLKPTPNTVHYILTHFKGVWNIVNNIPFLRNSIM
PGHS2_MOUSE     YKCDCTRTGFYGENCTTPEFLTRIKLLLKPTPNTVHYILTHFKGVWNIVNNIPFLRSLIM
PGHS2_RABIT     YKCDCTRTGFYGENCSTPEFLTRIKLLLKPTPDTVHYILTHFKGVWNIVNSIPFLRNSIM
PGHS2_BOVIN     YKCDCTRTGFYGENCTTPEFLTRIKLLLKPTPNTVHYILTHFKGVWNIVNKISFLRNMIM
PGHS2_SHEEP     YKCDCTRTGFYGENCTTPEFLTRIKLLLKPTPDTVHYILTHFKGVWNIVNKISFLRNMIM
PGHS2_HUMAN     YKCDCTRTGFYGENCSTPEFLTRIKLFLKPTPNTVHYILTHFKGFWNVVNNIPFLRNAIM
PGHS1_RAT       YQCDCTRTGYSGPNCTIPEIWTWLRSSLRPSPSFTHFLLTHGYWIWEFVN-ATFIREVLM
PGHS1_MOUSE     YQCDCTRTGYSGPNCTIPEIWTWLRNSLRPSPSFTHFLLTHGYWLWEFVN-ATFIREVLM
PGHS1_SHEEP     YQCDCTRTGYSGPNCTIPEIWTWLRTTLRPSPSFIHFMLTHGRWLWDFVN-ATFIRDTLM
PGHS1_BOVIN     YQCDCTRTGYYGPNCTIPEIWTWLRTTLRPSPSFVHFLLTHGRWLWDFVN-ATFIRDKLM
PGHS1_HUMAN     YQCDCTRTGYSGPNCTIPGLWTWLRNSLRPSPSFTHFLLTHGRWFWEFVN-ATFIREMLM
PGHS1_RABIT     YQCDCTRTGYSGPNCTVPDLWTWLRSSLRPSPTFVHYLLTHVRWFWEFVN-ATFIRDTLM
                *:*******: * **: * : * ::  *:*:*   *::***   .*:.**  .*:*. :*
```

1) PGHS2_RAT (P35355|prostaglandin-endoperoxide synthase|EC 1.14.99.1|Rattus norvegicus|Swiss-Prot)
PGHS2_MOUSE (Q05769|prostaglandin-endoperoxide synthase|EC 1.14.99.1|Mus musculus|Swiss-Prot)
PGHS2_RABIT (O02768|prostaglandin-endoperoxide synthase|EC 1.14.99.1|Oryctolagus cuniculus|Swiss-Prot)
PGHS2_BOVIN (O62698|prostaglandin-endoperoxide synthase|EC 1.14.99.1|Bos taurus|Swiss-Prot)
PGHS2_SHEEP (P79208|prostaglandin-endoperoxide synthase|EC 1.14.99.1|Ovis aries|Swiss-Prot)
PGHS2_HUMAN (P35354|prostaglandin-endoperoxide synthase|EC 1.14.99.1|Homo sapiens|Swiss-Prot)
PGHS1_RAT (Q63921|prostaglandin-endoperoxide synthase|EC 1.14.99.1|Rattus norvegicus|Swiss-Prot)
PGHS1_MOUSE (P22437|prostaglandin-endoperoxide synthase|EC 1.14.99.1|Mus musculus|Swiss-Prot)

```
                      130       140       150       160       170       180
                        |         |         |         |         |         |
PGHS2_RAT      RYVLTSRSHLIDSPPTYNVHYGYKSWEAFSNLSYYTRALPPVADDCPTPMGVKGNKELPD
PGHS2_MOUSE    KYVLTSRSYLIDSPPTYNVHYGYKSWEAFSNLSYYTRALPPVADDCPTPMGVKGNKELPD
PGHS2_RABIT    KYVLTSRSHMIDSPPTYNVHYNYKSWEAFSNLSYYTRALPPVADDCPTPMGVKGKKELPD
PGHS2_BOVIN    RYVLTSRSHLIESPPTYNVHYSYKSWEAFSNLSYYTRALPPVPDDCPTPMGVKGRKELPD
PGHS2_SHEEP    RYVLTSRSHLIESPPTYNVHYSYKSWEAFSNLSYYTRALPPVPDDCPTPMGVKGRKELPD
PGHS2_HUMAN    SYVLTSRSHLIDSPPTYNADYGYKSWEAFSNLSYYTRALPPVPDDCPTPLGVKGKKQLPD
PGHS1_RAT      RLVITVRSNLIPSPPTYNTAHDYISWESFSNVSYYTRILPSVPKDCPTPMGTKGKKQLPD
PGHS1_MOUSE    RLVLTVRSNLIPSPPTYNSAHDYISWESFSNVSYYTRILPSVPKDCPTPMGTKGKKQLPD
PGHS1_SHEEP    RLVLTVRSNLIPSPPTYNIAHDYISWESFSNVSYYTRILPSVPRDCPTPMGTKGKKQLPD
PGHS1_BOVIN    RLVLTVRSNLIPSPPTYNVAHDYISWESFSNVSYYTRILPSVPRDCPTPMGTKGKKQLPD
PGHS1_HUMAN    RLVLTVRSNLIPSPPTYNSAHDYISWESFSNVSYYTRILPSVPKDCPTPMGTKGKKQLPD
PGHS1_RABIT    RLVLTVRSNLIPSPPTYNLDYDYISWEAFSNVSYYTRVLPSVPKDCPTPMGTKGKKQLPD
                 *:* ** :* ******  :.* ***:***:***** **.*. *****:*.**.*:***

                      190       200       210       220       230       240
                        |         |         |         |         |         |
PGHS2_RAT      SKEVLEKVLLRREFIPDPQGTNMMFAFFAQHFTHQFFKTDQKRGPGFTRGLGHGVDLNHV
PGHS2_MOUSE    SKEVLEKVLLRREFIPDPQGSNMMFAFFAQHFTHQFFKTDHKRGPGFTRGLGHGVDLNHI
PGHS2_RABIT    SKDVVEKLLLRRKFIPDPQGTNMMFAFFAQHFTHQFFKTDLKRGPAFTKGLGHGVDLNHI
PGHS2_BOVIN    SKEVVKKVLLRRKFIPDPQGTNLMFAFFAQHFTHQFFKTDFERGPAFTKGKNHGVDLSHI
PGHS2_SHEEP    SKEVVKKVLLRRKFIPDPQGTNLMFAFFAQHFTHQFFKTDIERGPAFTKGKNHGVDLSHV
PGHS2_HUMAN    SNEIVEKLLLRRKFIPDPQGSNMMFAFFAQHFTHQFFKTDHKRGPAFTNGLGHGVDLNHI
PGHS1_RAT      IHLLAQRLLLRREFIPGPQGTNVLFAFFAQHFTHQFFKTSGKMGPGFTKALGHGVDLGHI
PGHS1_MOUSE    VQLLAQQLLLRREFIPAPQGTNILFAFFAQHFTHQFFKTSGKMGPGFTKALGHGVDLGHI
PGHS1_SHEEP    AEFLSRRFLLRRKFIPDPQGTNLMFAFFAQHFTHQFFKTSGKMGPGFTKALGHGVDLGHI
PGHS1_BOVIN    AEFLSRRFLLRRKFIPDPQGTNLMFAFFAQHFTHQFFKTSGKMGPGFTKALGHGVDLGHI
PGHS1_HUMAN    AQLLARRFLLRRKFIPDPQGTNLMFAFFAQHFTHQFFKTSGKMGPGFTKALGHGVDLGHI
PGHS1_RABIT    AQVLAHRFLLRRTFIPDPQGTNLMFAFFAQHFTHQFFKTSGKMGPGFTKALGHGVDLGHI
                . : .:.**** *** ***:*::***************. : **.**.. .*****.*:

                      250       260       270       280       290       300
                        |         |         |         |         |         |
PGHS2_RAT      YGETLDRQHKLRLFQDGKLKYQVIGGEVYPPTVKDTQVDMIYPPHVPEHLRFAVGQEVFG
PGHS2_MOUSE    YGETLDRQHKLRLFKDGKLKYQVIGGEVYPPTVKDTQVEMIYPPHIPENLQFAVGQEVFG
PGHS2_RABIT    YGETLDRQHKLRLFKDGKMKYQVIDGEVYPPTVKDTQVEMIYPPHIPAHLQFAVGQEVFG
PGHS2_BOVIN    YGESLERQHKLRLFKDGKMKYQMINGEMYPPTVKDTQVEMIYPPHVPEHLKFAVGQEVFG
PGHS2_SHEEP    YGESLERQHNRRLFKDGKMKYQMINGEMYPPTVKDTQVEMIYPPHIPEHLKFAVGQEVFG
PGHS2_HUMAN    YGETLARQRKLRLFKDGKMKYQIIDGEMYPPTVKDTQAEMIYPPQVPEHLRFAVGQEVFG
PGHS1_RAT      YGDSLERQYHLRLFKDGKLKYQVLDGEVYPPSVEQASVLMRYPPGVPPEKQMAVGQEVFG
PGHS1_MOUSE    YGDNLERQYHLRLFKDGKLKYQVLDGEVYPPSVEQASVLMRYPPGVPPERQMAVGQEVFG
PGHS1_SHEEP    YGDNLERQYQLRLFKDGKLKYQMLNGEVYPPSVEEAPVLMHYPRGIPPQSQMAVGQEVFG
PGHS1_BOVIN    YGDNLERQYQLRLFKDGKLKYQMLNGEVYPPSVEEAPVLMHYPRGIPPQSQMAVGQEVFG
PGHS1_HUMAN    YGDNLERQYQLRLFKDGKLKYQVLDGEMYPPSVEEAPVLMHYPRGIPPQSQMAVGQEVFG
PGHS1_RABIT    YGDSLERQYHLRLFKDGKLKYQVLDGEVYPPSVEEAPVLMHYPRGVPPRSQMAVGQEVFG
               **:.* ** : ***:***:***::.**:***:*::: . * **  :* . ::********
```

PGHS1_SHEEP (P05979|prostaglandin-endoperoxide synthase|EC 1.14.99.1|Ovis aries|Swiss-Prot)

PGHS1_BOVIN (O62664|prostaglandin-endoperoxide synthase|EC 1.14.99.1|Bos taurus|Swiss-Prot)

PGHS1 HUMAN (P23219|prostaglandin-endoperoxide synthase|EC 1.14.99.1|Homo sapiens|Swiss-Prot)

PGHS1_RABIT (O97554|prostaglandin-endoperoxide synthase|EC 1.14.99.1|Oryctolagus cuniculus|Swiss-Prot)

```
                       310       320       330       340       350       360
                         |         |         |         |         |         |
PGHS2_RAT     LVPGLMMYATIWLREHNRVCDILKQEHPEWDDERLFQTSRLILIGETIKIVIEDYVQHLS
PGHS2_MOUSE   LVPGLMMYATIWLREHNRVCDILKQEHPEWGDEQLFQTSRLILIGETIKIVIEDYVQHLS
PGHS2_RABIT   LVPGLMMYATIWLREHNRVCDVLKQEHPEWDDEQLFQTSRLILIGETIKIVIEDYVQHLS
PGHS2_BOVIN   LVPGLMMYATIWLREHNRVCDVLKQEHPEWGDEQLFQTSRLILIGETIKIVIEDYVQHLS
PGHS2_SHEEP   LVPGLMMYATIWLREHNRVCDVLKQEHPEWGDEQLFQTSRLILIGETIKIVIEDYVQHLS
PGHS2_HUMAN   LVPGLMMYATIWLREHNRVCDVLKQEHPEWGDEQLFQTSRLILIGETIKIVIEDYVQHLS
PGHS1_RAT     LLPGLMLFSTIWLREHNRVCDLLKEEHPTWDDEQLFQTTRLILIGETIKIIIEEYVQHLS
PGHS1_MOUSE   LLPGLMLFSTIWLREHNRVCDLLKEEHPTWDDEQLFQTTRLILIGETIKIVIEEYVQHLS
PGHS1_SHEEP   LLPGLMLYATIWLREHNRVCDLLKAEHPTWGDEQLFQTARLILIGETIKIVIEEYVQQLS
PGHS1_BOVIN   LLPGLMVYATIWLREHNRVCDLLKAEHPTWGDEQLFQTARLILIGETIKIVIEEYVQQLS
PGHS1_HUMAN   LLPGLMLYATLWLREHNRVCDLLKAEHPTWGDEQLFQTTRLILIGETIKIVIEEYVQQLS
PGHS1_RABIT   LLPGLMLYATLWLREHNRVCDLLKAEHPTWDDEQLFQTTRLILIGETIKIVIEEYVQQLS
              *:****:::*:**********:** *** *.**:****:***********:**:***:**

                       370       380       390       400       410       420
                         |         |         |         |         |         |
PGHS2_RAT     GYHFKLKFDPELLFNQQFQYQNRIASEFNTLYHWHPLLPDTFNIEDQEYTFKQFLYNNSI
PGHS2_MOUSE   GYHFKLKFDPELLFNQQFQYQNRIASEFNTLYHWHPLLPDTFNIEDQEYSFKQFLYNNSI
PGHS2_RABIT   GYHFKLKFDPELLFNQQFQYQNRIAAEFNTLYHWHPLLPDTFQIDDQQYNYQQFLYNNSI
PGHS2_BOVIN   GYHFKLKFDPELLFNQQFQYQNRIAAEFNTLYHWHPLLPDVFQIDGQEYNYQQFIYNNSV
PGHS2_SHEEP   GYHFKLKFDPELLFNQQFQYQNRIAAEFNTLYHWHPLLPDVFQIDGQEYNYQQFIYNNSV
PGHS2_HUMAN   GYHFKLKFDPELLFNKQFQYQNRIAAEFNTLYHWHPLLPDTFQIHDQKYNYQQFIYNNSI
PGHS1_RAT     GYFLQLKFDPELLFRAQFQYRNRIALEFNHLYHWHPLMPDSFQVGSQEYSYEQFLFNTSM
PGHS1_MOUSE   GYFLQLKFDPELLFRAQFQYRNRIAMEFNHLYHWHPLMPNSFQVGSQEYSYEQFLFNTSM
PGHS1_SHEEP   GYFLQLKFDPELLFGAQFQYRNRIAMEFNQLYHWHPLMPDSFRVGPQDYSYEQFLFNTSM
PGHS1_BOVIN   GYFLQLKFDPELLFGAQFQYRNRIAMEFNQLYHWHPLMPDSFRVGPQDYSYEQFLFNTSM
PGHS1_HUMAN   GYFLQLKFDPELLFGVQFQYRNRIAMEFNHLYHWHPLMPDSFKVGSQEYSYEQFLFNTSM
PGHS1_RABIT   GYFLQLKFDPEMLFSVQFQYRNRIAMEFNHLYHWHPLMPDSFQVGSQEYSYEQFLFNTSM
              **.::******:**  ****:**** *** *******:*: *.:  *.*.::**::*.*:

                       430       440       450       460       470       480
                         |         |         |         |         |         |
PGHS2_RAT     LLEHGLAHFVESFTRQIAGRVAGGRNVPIAVQAVAKASIDQSREMKYQSLNEYRKRFSLK
PGHS2_MOUSE   LLEHGLTQFVESFTRQIAGRVAGGRNVPIAVQAVAKASIDQSREMKYQSLNEYRKRFSLK
PGHS2_RABIT   LLEHGLTQFVESFTRQIAGRVAGGRNVPPAVQKVAKASIDQSRQMKYQSLNEYRKRFLLK
PGHS2_BOVIN   LLEHGLTQFVESFTRQRAGRVAGGRNLPVAVEKVSKASIDQSREMKYQSFNEYRKRFLVK
PGHS2_SHEEP   LLEHGVTQFVESFTRQIAGRVAGRRNLPAAVEKVSKASLDQSREMKYQSFNEYRKRFLLK
PGHS2_HUMAN   LLEHGITQFVESFTRQIAGRVAGGRNVPPAVQKVSQASIDQSRQMKYQSFNEYRKRFMLK
PGHS1_RAT     LVDYGVEALVDAFSRQRAGRIGGGRNFDYHVLHVAEDVIKESREMRLQSFNEYRKRFGLK
PGHS1_MOUSE   LVDYGVEALVDAFSRQRAGRIGGGRNFDYHVLHVAVDVIKESREMRLQPFNEYRKRFGLK
PGHS1_SHEEP   LVDYGVEALVDAFSRQPAGRIGGGRNIDHHILHVAVDVIKESRVLRLQPFNEYRKRFGMK
PGHS1_BOVIN   LVDYGVEALVDAFSRQPAGRIGGGRNIDHHILHVAVDVIKESRELRLQPFNEYRKRFGMK
PGHS1_HUMAN   LVDYGVEALVDAFSRQIAGRIGGGRNMDHHILHVAVDVIRESREMRLQPFNEYRKRFGMK
PGHS1_RABIT   LVDYGVEALVDAFSRQSAGRIGGGRNIDHHVLHVAVEVIKESREMRLQPFNEYRKRFGLK
              *:::*:  :*::*:** ***:.* **.   :  *:   : :** :: *.:******* :*
```

```
                       490       500       510       520       530       540
                         |         |         |         |         |         |
PGHS2_RAT       PYTSFEELTGEKEMAAELKALYHDIDAMELYPALLVEKPRPDAIFGETMVELGAPFSLKG
PGHS2_MOUSE     PYTSFEELTGEKEMAAELKALYSDIDVMELYPALLVEKPRPDAIFGETMVELGAPFSLKG
PGHS2_RABIT     PYESFEELTGEKEMAAELEALYGDIDAVELYPALLVERPRPDAIFGESMVEMGAPFSLKG
PGHS2_BOVIN     PYESFEELTGEKEMAAELEALYGDIDAMEFYPALLVEKPRPDAIFGETMVEAGAPFSLKG
PGHS2_SHEEP     PYESFEELTGEKEMAAELEALYGDIDAMELYPALLVEKPAPDAIFGETMVEAGAPFSLKG
PGHS2_HUMAN     PYESFEELTGEKEMSAELEALYGDIDAVELYPALLVEKPRPDAIFGETMVEVGAPFSLKG
PGHS1_RAT       PYTSFQEFTGEKEMAAELEELYGDIDALEFYPGLMLEKCQPNSLFGESMIEMGAPFSLKG
PGHS1_MOUSE     PYTSFQELTGEKEMAAELEELYGDIDALEFYPGLLLEKCQPNSIFGESMIEMGAPFSLKG
PGHS1_SHEEP     PYTSFQELTGEKEMAAELEELYGDIDALEFYPGLLLEKCHPNSIFGESMIEMGAPFSLKG
PGHS1_BOVIN     PYTSFQELTGEKEMAAELEELYGDIDALEFYPGLLLEKCHPNSIFGESMIEMGAPFSLKG
PGHS1_HUMAN     PYTSFQELVGEKEMAAELEELYGDIDALEFYPGLLLEKCHPNSIFGESMIEIGAPFSLKG
PGHS1_RABIT     PYASFQELTGETEMAAELEELYGDIDALEFYPGLLLEKCQPNSIFGESMIEIGAPFSLKG
                ** **:*:.**.**:***: ** ***.:*:**.*::*:  *:::***:*:* ********

                       550       560       570       580       590       600
                         |         |         |         |         |         |
PGHS2_RAT       LMGNPICSPQYWKPSTFGGEVGFRIINTASIQSLICNNVKGCPFASFNVQDPQPTKTATI
PGHS2_MOUSE     LMGNPICSPQYWKPSTFGGEVGFKIINTASIQSLICNNVKGCPFTSFNVQDPQPTKTATI
PGHS2_RABIT     LMGNPICSPNYWKPSTFGGEVGFKIVNTASIQSLICNNVKGCPFTSFNVPDPQLTKTVTI
PGHS2_BOVIN     LMGNPICSPEYWKPSTFGGEVGFKIINTASIQSLICSNVKGCPFTSFSVQDTHLTKTVTI
PGHS2_SHEEP     LMGNPICSPEYWKPSTFGGEVGFKIINTASIQSLICSNVKGCPFTSFSVQDAHLTKTVTI
PGHS2_HUMAN     LMGNVICSPAYWKPSTFGGEVGFQIINTASIQSLICNNVKGCPFTSFSVPDPELIKTVTI
PGHS1_RAT       LLGNPICSPEYWKPSTFGGDVGFNIVNTASLKKLVCLNTKTCPYVSFRVPD---------
PGHS1_MOUSE     LLGNPICSPEYWKPSTFGGDVGFNLVNTASLKKLVCLNTKTCPYVSFRVPD---------
PGHS1_SHEEP     LLGNPICSPEYWKASTFGGEVGFNLVKTATLKKLVCLNTKTCPYVSFHVPD---------
PGHS1_BOVIN     LLGNPICSPEYWKASTFGGDVGFNLVKTATLKKLVCLNTKTCPYVSFHVPD---------
PGHS1_HUMAN     LLGNPICSPEYWKPSTFGGEVGFNIVKTATLKKLVCLNTKTCPYVSFRVPD---------
PGHS1_RABIT     LLGNPICSPEYWKPSTFGGEVGSNLIKTATLKKLVCLNTKTCPYVSFRVPR---------
                *:** **** ***.*****:** .:::**:::.*:* *.* **:.** *

                       610       620
                         |         |
PGHS2_RAT       NASASHSRLDDINPTVLIKRRSTEL
PGHS2_MOUSE     NASASHSRLDDINPTVLIKRRSTEL
PGHS2_RABIT     NASASHSRLEDINPTVLLKGRSTEL
PGHS2_BOVIN     NASSSHSGLDDINPTVLLKERSTEL
PGHS2_SHEEP     NASSSHSGLDDINPTVLLKERSTEL
PGHS2_HUMAN     NASSSRSGLDDINPTVLLKERSTEL
PGHS1_RAT       ---YP--GDDGS----VFVRPSTEL
PGHS1_MOUSE     ---YP--GDDGS----VLVRRSTEL
PGHS1_SHEEP     ---PR--QEDRP----GVERPPTEL
PGHS1_BOVIN     ---PH--REDRP----GVERPPTEL
PGHS1_HUMAN     ---AS--QDDGP----AVERPSTEL
PGHS1_RABIT     ---SS--GDDGP----AAERRSTEL
                         :          .***
```

H-PGDS[2)]

```
                      10        20        30        40        50        60
                       |         |         |         |         |         |
H-PGDS_BOVIN    MATPNRLWMALLLLGVLGVLQTPAPAQAALQPNFEEDKFLGRWFTSGLASNSSWFLEKKK
H-PGDS_SHEEP    MATPNRPWMGLLLLGVLGVLQTPAPTEAALQPNFEEDKFLGRWFTSGLASNSSWFLEKRK
H-PGDS_PIG      MATPSSLWLGLALLGTLGVLQTPA--QASLQPNFQEDKFLGRWFTSGLASNSSWFLEKKK
H-PGDS_HUMAN    MATHHTLWMGLALLGVLGDLQAAPEAQVSVQPNFQQDKFLGRWFSAGLASNSSWLREKKA
H-PGDS_RAT      MAALPMLWTGLVLLGLLGFPQTPAQGHDTVQPNFQQDKFLGRWYSAGLASNSSWFREKKE
H-PGDS_MOUSE    MAALRMLWMGLVLLGLLGFPQTPAQGHDTVQPNFQQDKFLGRWYSAGLASNSSWFREKKA
                **:    * .* *** **  *:..  . ::****::*******:::********: **:

                      70        80        90       100       110       120
                       |         |         |         |         |         |
H-PGDS_BOVIN    VLSMCKSVVAPAADGGLNLTSTFLRKDQCETRTLLLRPAGPPGCYSYTSPHWSSTHEVSV
H-PGDS_SHEEP    VLSMCKSEVAPAADGGLNVTSTFLRKDQCETRTLLLRPAGPPGCYSYTSPHWSSTHEVSV
H-PGDS_PIG      VLSMCKSLVAPAPDGGFNLTSTFLRKDQCVTRTLMLRPAGPPGCYSYTSPHGGSNLEVSV
H-PGDS_HUMAN    ALSMCKSVVAPATDGGLNLTSTFLRKNQCETRTMLLQPAGSLGSYSYRSPHWGSTYSVSV
H-PGDS_RAT      LLFMCQTVVAPSTEGGLNLTSTFLRKNQCETKVMVLQPAGVPGQYTYNSPHWGSFHSLSV
H-PGDS_MOUSE    VLYMCKTVVAPSTEGGLNLTSTFLRKNQCETKIMVLQPAGAPGHYTYSSPHSGSIHSVSV
                 * **:: ***:.:**:*:*******:** *: ::*:***  * *:* *** .*  .:**

                      130       140       150       160       170       180
                       |         |         |         |         |         |
H-PGDS_BOVIN    AETDYETYALLYTEGVRGPGQDFRMATLYSRSQNPRAEVKEHFTTFAKSLGFTEEGIVFL
H-PGDS_SHEEP    AETDYETYALLYTESVRGPGPDSLMATLYSRTQTPRAEVKEKFTTFARSLGFTEEGIVFL
H-PGDS_PIG      VETDYKNYALLHTESGPSPGPAFRMATLYSRSQAPGAAVREKFTAFAKARGFTEDGIVFL
H-PGDS_HUMAN    VETDYDQYALLYSQGSKGPGEDFRMATLYSRTQTPRAELKEKFTAFCKAQGFTEDTIVFL
H-PGDS_RAT      VETDYDEYAFLFSKGTKGPGQDFRMATLYSRAQLLKEELKEKFITFSKDQGLTEEDIVFL
H-PGDS_MOUSE    VEANYDEYALLFSRGTKGPGQDFRMATLYSRTQTLKDELKEKFTTFSKAQGLTEEDIVFL
                .*::*. **:*.:..  .**    *******:*     ::*:* :*.:  *:**: ****

                      190
                       |
H-PGDS_BOVIN    PKTDKCMEEHP
H-PGDS_SHEEP    PKTDKCMEVRT
H-PGDS_PIG      PRNEKCLEEHE
H-PGDS_HUMAN    PQTDKCMTEQ-
H-PGDS_RAT      PQPDKCIQE--
H-PGDS_MOUSE    PQPDKCIQE--
                *: :**:
```

2) H-PGDS_BOVIN (O02853|Prostaglandin-D synthase|EC 5.3.99.2|Bos taurus|Swiss-Prot)
H-PGDS_SHEEP (Q9XSM0|Prostaglandin-D synthase|EC 5.3.99.2|Ovis aries|Swiss-Prot)
H-PGDS_PIG (Q29095|Prostaglandin-D synthase|EC 5.3.99.2|Sus scrofa|Swiss-Prot)
H-PGDS_HUMAN (P41222|Prostaglandin-D synthase|EC 5.3.99.2|Homo sapiens|Swiss-Prot)
H-PGDS_RAT (P22057|Prostaglandin-D synthase|EC 5.3.99.2|Rattus norvegicus|Swiss-Prot)
H-PGDS_MOUSE (O09114|Prostaglandin-D synthase|EC 5.3.99.2|Mus musculus|Swiss-Prot)

L-PGDS[3)]

```
                             10        20        30        40        50        60
                              |         |         |         |         |         |
L-PGDS_MOUSE    MPNYKLLYFNMRGRAEIIRYIFAYLDIKYEDHRIEQADWPKIKPTLPFGKIPVLEVEGLT
L-PGDS_RAT      MPNYKLLYFNMRGRAEIIRYIFAYLDIKYEDHRIEQADWPKIKPTLPFGKIPVLEVEGLT
L-PGDS_HUMAN    MPNYKLTYFNMRGRAEIIRYIFAYLDIQYEDHRIEQADWPEIKSTLPFGKIPILEVDGLT
L-PGDS_CHICK    MPNYKLTYFNLRGRAEICRYLFAYAGIKYEDHRLEGADWPKIKPTIPFGKVPILEVDGVI
                ****** ***:****** **:*** .*:*****:* ****:**.*:****:*:***:*:

                             70        80        90       100       110       120
                              |         |         |         |         |         |
L-PGDS_MOUSE    IHQSLAIARYLTKNTDLAGKTALEQCQADAVVDTLDDFMSLFPWAEKDQDLKERMFNELL
L-PGDS_RAT      LHQSLAIARYLTKNTDLAGKTELEQCQVDAVVDTLDDFMSLFPWAEENQDLKERTFNDLL
L-PGDS_HUMAN    LHQSLAIARYLTKNTDLAGNTEMEQCHVDAIVDTLDDFMSCFPWAEKKQDVKEQMFNELL
L-PGDS CHICK    IHQSLAIARYLARESGLAGQTPVEQALADAIVDTIDDFMMLFPWAEKNQDVKEKAFNDIL
                :**********::::.***:* :**. .**:***:****  *****:.**:**: **::*

                            130       140       150       160       170       180
                              |         |         |         |         |         |
L-PGDS_MOUSE    THQAPRLLKDLDTYLGDKEWFIGNYVTWADFYWDICSTTLLVLKPGLLDIYPKLVSLRNK
L-PGDS_RAT      TRQAPHLLKDLDTYLGDKEWFIGNYVTWADFYWDICSTTLLVLKPDLLGIYPRLVSLRNK
L-PGDS_HUMAN    TYNAPHLMQDLDTYLGGREWLIGNSVTWADFYWEICSTTLLVFKPDLLDNHPRLVTLRKK
L-PGDS_CHICK    TNKAPELLKDLDTFLGDKKWFVGKSVTWADFYWDVCSTTLLSYKADLADKYPRLLALRDR
                * :**.*::****:**.::*::*: ********::******  *..* . :*:*::**.:

                            190
                              |
L-PGDS_MOUSE    VQAIPAISAWILKRPQTKL
L-PGDS_RAT      VQAIPAISAWILKRPQTKL
L-PGDS_HUMAN    VQAIPAVANWIKRRPQTKL
L-PGDS_CHICK    VEALPAIAAWIQKRPKTAI
                *:*:**:: ** :**:* :
```

---

3) L-PTGD_MOUSE (Q9JHF7|Prostaglandin-D synthase|EC 5.3.99.2|Mus musculus|Swiss-Prot)
L-PTGD_HUMAN (O60760|Prostaglandin-D synthase|EC 5.3.99.2|Homo sapiens|Swiss-Prot)
L-PTGD_RAT (O35543|Prostaglandin-D synthase|EC 5.3.99.2|Rattus norvegicus|Swiss-Prot)
L-PTGD_CHICK (O73888|Prostaglandin-D synthase|EC 5.3.99.2|Gallus gallus|Swiss-Prot)

PGIS[4)]

```
                         10        20        30        40        50        60
                          |         |         |         |         |         |
PGIS_HUMAN       MAWAALLGLLAALLLLLLLS-RRRTRRPGEPPLDLGSIPWLGYALDFGKDAASFLTRMKE
PGIS_BOVIN       MSWAVVFGLLAALLLLLLLT-RRRTRRPGEPPLDLGSIPWLGHALEFGKDAAGFLTRMKE
PGIS_RAT         MSWAALLGLLAVLLLLLLLLSRRRARRPGEPPLDLGSIPWLGHALEFGKDAASFLTRMKE
PGIS_MOUSE       MSWAALLGLLAVLLLLLLLLSRRRARRPGEPPLDLGSIPWLGHALEFGRDAASFLTRMKE
PGIS_DANRE       MMWTALL--LVGLSILVIVLYGRRTRRRNEPPLDKGMIPWLGHALEFGKDAAKFLTRMKE
                 * *:.::  *. * :*:::   **:** .***** * *****:**:**:*** *******

                         70        80        90       100       110       120
                          |         |         |         |         |         |
PGIS_HUMAN       KHGDIFTILVGGRYVTVLLDPHSYDAVVWEPRTRLDFHAYAIFLMERIFDVQLPHYSPSD
PGIS_BOVIN       KHGDIFTVLVGGRHVTVLLDPHSYDAVVWEPRSRLDFHAYAVFLMERIFDVQLPHYNPGD
PGIS_RAT         KHGDIFTVLVGGRYVTVLLDPHSYDTVVWDLRTRLDFHPYAIFLMERIFDLQLPNFNPSE
PGIS_MOUSE       KHGDIFTVLVGGRYVTVLLDPHSYDTVVWELRTRLDFHPYAIFLMERIFDLQLPNFNPSE
PGIS_DANRE       KHGDIFTVRAAGLYITVLLDSNCYDAVLSDVAS-LDQTSYAQVLMKRIFNMILPSHNPES
                 *******: ..* ::*****.:.**:*: :  : **  .** .**:***:: ** ..* .

                        130       140       150       160       170       180
                          |         |         |         |         |         |
PGIS_HUMAN       EKARMKLTLLHRELQALTEAMYTNLHAVLLG-DATEAGSGWHEMGLLDFSYSFLLRAGYL
PGIS_BOVIN       EKSKMKPTLLHKELQALTDAMYTNLRTVLLG-DTVEAGSGWHEMGLLEFSYGFLLRAGYL
PGIS_RAT         EKARMKPTLMHKDLQALTEAMYTNLRTVLLG-DSTEGGSGWQEKGLLEFSYSSLLSAGYL
PGIS_MOUSE       EKARMKPTLMHRDLQALTEAMYTNLRTVLLG-DSTEAGSGWQETGLLEFSYNALLSAGYL
PGIS_DANRE       EKKRAEMHFQGASLTQLSNSMQNNLRLLMTPSEMGLKTSEWKKDGLFNLCYSLLFKTGYL
                 ** : :  :   .*  *:::* .**: ::   :     * *:: **:::.*. *: :***

                        190       200       210       220       230       240
                          |         |         |         |         |         |
PGIS_HUMAN       TLYGIEALPRTHESQAQDRVHSADVFHTFRQLDRLLPKLARGSLSVGDKDHMCSVKSRLW
PGIS_BOVIN       TQYGVEAPPHTQESQAQDRVHSADVFHTFRQLDLLLPKLARGSLSAGDKDRVGKVKGRLW
PGIS_RAT         TLYGVEASPRTHESQALDRDHSADVFRTFRQLDLMLPKLARGSLSVGDKDHACSVKSRLW
PGIS_MOUSE       TLYGVEASPRTHESQAQDRVHSADVFHTFRQLDLLLPKLARGSLSAGDKDHACSVKNRLW
PGIS_DANRE       TVFGAEN--NNSAALTQ-------IYEEFRRFDKLLPKLARTTVNKEEKQIASAAREKLW
                 * :* *   ..  : :        ::. **::* :****** ::.  :*:    .: :**
```

4) PGIS_HUMAN (Q16647|prostaglandin-I synthase|EC 5.3.99.4|Homo sapiens|Swiss-Prot)
PGIS_BOVIN (Q29626|prostaglandin-I synthase|EC 5.3.99.4|Bos taurus|Swiss-Prot)
PGIS_RAT (Q62969|prostaglandin-I synthase|EC 5.3.99.4|Rattus norvegicus|Swiss-Prot)
PGIS_MOUSE (O35074|prostaglandin-I synthase|EC 5.3.99.4|Mus musculus|Swiss-Prot)
PGIS_DANRE (A9LLA5|prostaglandin-I synthase|EC 5.3.99.4|Danio rerio|TrEMBL)

```
                      250       260       270       280       290       300
                        |         |         |         |         |         |
PGIS_HUMAN     KLLSPARLARRAHRSKWLESYLLHLEEMGVSEEMQARALVLQLWATQGNMGPAAFWLLLF
PGIS_BOVIN     KLLSPTRLASRAHRSRWLESYLLHLEEMGVSEEMQARALVLQLWATQGNMGPAAFWLLLF
PGIS_RAT       KLLSPAGLASRADRSSWLESYLRHLEEMGVSEDMQARALVLQLWATQGNMGPTAFWLLLF
PGIS_MOUSE     KLLSPARLASRADRSSWLESYLRHLEEMGVSEEMQARALVLQLWATQGNMGPTAFWLLLF
PGIS_DANRE     KWLTPSGLDRKPREQSWLGSYVKQLQDEGIDAEMQRRAMLLQLWVTQGNAGPAAFWVMGY
               * *:*: *  :. .. ** **: :*:: *:. :** **::****.**** **:***:: :

                      310       320       330       340       350       360
                        |         |         |         |         |         |
PGIS_HUMAN     LLKNPEALAAVRGELESILWQAEQPVSQTTTLPQKVLDSTPVLDSVLSESLRLTAAPFIT
PGIS_BOVIN     LLKNPEALAAVRGELETVLLGAEQPISQMTTLPQKVLDSMPVLDSVLSESLRLTAAPFIT
PGIS_RAT       LLKNPEALDAVHAELKRIVWQAEKPVLQMTALPQKILDSMPVLDSVLNETLRLTAAPFIT
PGIS_MOUSE     LLKNPEALAAVRAELKHTVWQAEQPVSQMTTLPQKILDSMPVLDSVLNETLRLTAAPFIT
PGIS_DANRE     LLTHPEALRAVREEIQ----------GGKHLRLEERQKNTPVFDSVLWETLRLTAAALIT
               **.:**** **: *::                 ::  .. **:**** *:******.:**

                      370       380       390       400       410       420
                        |         |         |         |         |         |
PGIS_HUMAN     REVVVDLAMPMADGREFNLRRGDRLLLFPFLSPQRDPEIYTDPEVFKYNRFLNPDGSEKK
PGIS_BOVIN     REVVADLALPMADGREFSLRRGDRLLLFPFLSPQKDPEIYTDPEVFKYNRFLNPDGSEKK
PGIS_RAT       REVMADLALPMADRREFSLRRGDRLLLFPFLSPQKDPEIYTEPEVFKYNRFLNPDGSEKK
PGIS_MOUSE     REVMADLALPMADGREFSLRRGDRLLLFPFLSPQKDPEIYTEPEVFKYNRFLNPDGSEKK
PGIS_DANRE     RDVTQDKKICLSNGQEYHLRRGDRLCVFPFISPQMDPQIHQQPEMFQFDRFLNADRTEKK
               *:*  *  : ::: :*: ******* :***:*** **:*: :**:*:::****.* :***

                      430       440       450       460       470       480
                        |         |         |         |         |         |
PGIS_HUMAN     DFYKDGKRLKNYNMPWGAGHNHCLGRSYAVNSIKQFVFLVLVHLDLELINADVEIPEFDL
PGIS_BOVIN     DFYKDGKRLKNYSLPWGAGHNQCLGKGYAVNSIKQFVFLVLTQFDLELITPDVDIPEFDL
PGIS_RAT       DFYKDGKRLKNYNMPWGAGHNQCLGKSYAINSIKQFVVLLLTHFDLELVSEDTEVPEFDL
PGIS_MOUSE     DFYKDGKRLKNYNMPWGAGHNQCLGKSYAINSIKQFVVLLLTHFDLELGSEDTEVPEFDL
PGIS_DANRE     DFFKNGARVKYPSVPWGTEDNLCPGRHFAVHAIKELVFTILTRFDVELCDKNATVPLVDP
               **:*:* *:*  .:***: .* * *: :*:::**::*. :*.::*:**   :. :* .*

                      490       500
                        |         |
PGIS_HUMAN     SRYGFGLMQPEHDVPVRYRIRP
PGIS_BOVIN     SRYGFGLMQPEHDVPVRYRIRP
PGIS_RAT       SRYGFGLMQPEEDVPIRYRTRL
PGIS_MOUSE     SRYGFGLMQPEEDVPIRYRARL
PGIS_DANRE     SRYGFGILQPAGDLEIRYRIRF
               ******::**  *: :*** *
```

mPGES-1[5)]

```
                           10        20        30        40        50        60
                            |         |         |         |         |         |
mPGES-1_HUMAN   MPAHSLVMSS-PALPAFLLCSTLLVIKMYVVAIITGQVRLRKKAFANPEDALRHGGPQYC
mPGES-1_MACFA   MPAHSLAMSS-PALPAFLLCSTLLVIKMYVVAIITGQVRLRKKAFANPEDALRHGGPQYC
mPGES-1_CANFA   MPPPVLALVSGQALPAFLLCSTLLVIKMYVVAVITGQVRLRKKAFANPEDALRHGGLQYC
mPGES-1_HORSE   MPPPSLAMVSGQALPAFLLCSTLLVIKMYAVAVITGQVRLRKKAFANPEDALRHGGLQFH
mPGES-1_PIG     MPPPSLEMVSGQVLPAFLLCSTLLVIKMYVVAIITGQVRLRKKAFANPEDAQRHGGLQYC
mPGES-1_BOVIN   MPPSGLELMNGQVLPAFLLCSALLVIKMYVVAVITGQVRLRKKAFANPEDAQRHGGLQYC
mPGES-1_MOUSE   MPSPGLVMESGQVLPAFLLCSTLLVIKMYAVAVITGQMRLRKKAFANPEDALKRGGLQYY
                **.  * : .  .********:*******.**:****:************* ::** *:

                           70        80        90       100       110       120
                            |         |         |         |         |         |
mPGES-1_HUMAN   RSDPDVERCLRAHRNDMETIYPFLFLGFVYSFLGPNPFVAWMHFLVFLVGRVAHTVAYLG
mPGES-1_MACFA   RSDPDVERCLRAHRNDMETIYPFLFLGFVYSFLGPNPFVAWMHFLVFLLGRVVHTVAYLG
mPGES-1_CANFA   RSDQDVDRCLRAHRNDMETIYPFLFLGFVYSFLGPDPFIAQMHFLVFFLGRMVHTVAYLG
mPGES-1_HORSE   RDDQDVERCLRAHRNDMETIYPFLFLGLVYSFLGPDPFVAQMHFLVFFLGRMVHTVAYLG
mPGES-1_PIG     RSDPDVERCLRAHRNDMETIYPFLFLGLVYSFLGPDPFVAWMHFLIFFLGRMVHTIAYLG
mPGES-1_BOVIN   RNDPDVERCLRAHRNDMETIYPFLFLGFVYSFLGPNPFVARMHFLVFFLGRMVHTVAYLG
mPGES-1_MOUSE   RSDPDVERCLRAHRNDMETIYPFLFLGFVYSFLGPNPLIAWIHFLVVLTGRVVHTVAYLG
                *.* **:********************:*******:*::* :***:.: **:.**:****

                          130       140       150
                            |         |         |
mPGES-1_HUMAN   KLRAPIRSVTYTLAQLPCASMALQILWEAARHL
mPGES-1_MACFA   KLRAPIRSVTYTLAQLPCASMALQILWEAARHL
mPGES-1_CANFA   KLRAPTRSLAYTVAQLPCASMALQIVWEAACHL
mPGES-1_HORSE   KLRAPTRSLAYTVAQLPCASMALQIVWEAARHL
mPGES-1_PIG     KLRAPTRSLAYTLAQLPCASMALQIVWEAARHL
mPGES-1_BOVIN   KLRAPTRSLAYTLAQLPCASMALQIVWEAARHL
mPGES-1_MOUSE   KLNPRLRSGAYVLAQFSCFSMALQILWEVAHHL
                **..  ** :*.:**:.* ******:**.* **
```

5) mPGES-1_HUMAN (O14684|prostaglandin-E synthase|EC 5.3.99.3|Homo sapiens|Swiss-Prot)
mPGES-1_MACFA (Q6PWL6|prostaglandin-E synthase|EC 5.3.99.3|Macaca fascicularis|Swiss-Prot)
mPGES-1_CANFA (A0SYQ0|prostaglandin-E synthase|EC 5.3.99.3|Canis familiaris|Swiss-Prot)
mPGES-1_HORSE (Q8HZJ2|prostaglandin-E synthase|EC 5.3.99.3|Equus caballus|Swiss-Prot)
mPGES-1_PIG (Q2TJZ7|prostaglandin-E synthase|EC 5.3.99.3|Sus scrofa|TrEMBL)
mPGES-1_BOVIN (Q95L14|prostaglandin-E synthase|EC 5.3.99.3|Bos taurus|Swiss-Prot)
mPGES-1_MOUSE (Q9JM51|prostaglandin-E synthase|EC 5.3.99.3|Mus musculus|Swiss-Prot)

mPGES-2[6)]

```
                          10        20        30        40        50        60
                           |         |         |         |         |         |
mPGES-2_MACFA     MAPATRVVRALWTGGCALAWRLGGRPQPLLPTQSRAGFAGAAGGQGPVAAARKGSPRLLG
mPGES-2_HUMAN     MDPAARVVRALWPGGCALAWRLGGRPQPLLPTQSRAGFAGAAGGPSPVAAARKGSPRLLG
mPGES-2_MOUSE     MAQAARLSWVLVSSRCALTEGLLTRPWQPLSAQSRAGFTRVAAG-SRGAAVRKGSPRLLG
                  *  *:*:  .* .. ***:  *  **   *.:******: .*.* .  **.*********

                          70        80        90       100       110       120
                           |         |         |         |         |         |
mPGES-2_MACFA     AAALALGGALGLYHTARWHLHAQDLHAERSAVQLSLSSRLQLTLYQYKTCPFCSKVRAFL
mPGES-2_HUMAN     AAALALGGALGLYHTARWHLRAQDLHAERSAAQLSLSSRLQLTLYQYKTCPFCSKVRAFL
mPGES-2_MOUSE     AAALALGGALGLYHTVRWHQRSQDLRAERSAAQLPLSNSLQLTLYQYKTCPFCSKVRAFL
                  ***************.*** ::***:*****.**.**. *********************

                         130       140       150       160       170       180
                           |         |         |         |         |         |
mPGES-2_MACFA     DFHALPYQVVEVNPVLRAEIKFSSYRKVPILVAQEGESSQQLNDSSVIISALKTYLVSGQ
mPGES-2_HUMAN     DFHALPYQVVEVNPVRRAEIKFSSYRKVPILVAQEGESSQQLNDSSVIISALKTYLVSGQ
mPGES-2_MOUSE     DFHSLPYQVVEVNPVRRTEIKFSSYRKVPILVAQEGDSLQQLNDSSVIISALKTYLVSGQ
                  ***:*********** *:******************:* *********************

                         190       200       210       220       230       240
                           |         |         |         |         |         |
mPGES-2_MACFA     PLEEIITYYPAMKAVNDQGKEVTEFGNKYWLMLNEKEAQQVYSGKEARTEEMKWRQWADD
mPGES-2_HUMAN     PLEEIITYYPAMKAVNEQGKEVTEFGNKYWLMLNEKEAQQVYGGKEARTEEMKWRQWADD
mPGES-2_MOUSE     PLEEVITYYPPMKAMNDQGKEVTEFCNKYWPMLDEKEAQQMYGGKEARTEEMKWRQWADD
                  ****:*****.***:*:******** **** **:******:*.*****************

                         250       260       270       280       290       300
                           |         |         |         |         |         |
mPGES-2_MACFA     WLVHLISPNVYRTPTEALASFDYIVREGKFGAVEGAVAKYMGAAAMYLISKRLKSRHRLQ
mPGES-2_HUMAN     WLVHLISPNVYRTPTEALASFDYIVREGKFGAVEGAVAKYMGAAAMYLISKRLKSRHRLQ
mPGES-2_MOUSE     WLVHLISPNVYRTPAEALASFDYIVREGKFGAVEAAMAKYVGAAAMYLISKRLKSRHHLQ
                  **************:*******************.*:***:****************:**

                         310       320       330       340       350       360
                           |         |         |         |         |         |
mPGES-2_MACFA     DNVREDLYEAADKWVAAVGKDRPFMGGQKPNLADLAVYGVLRVMEGLDAFDDLMQHTHIQ
mPGES-2_HUMAN     DNVREDLYEAADKWVAAVGKDRPFMGGQKPNLADLAVYGVLRVMEGLDAFDDLMQHTHIQ
mPGES-2_MOUSE     DDVRVDLYEAANKWVTAVGKDRPFMGGQKPNLADLAVYGVLRVMEGLEAFDDLMRHSHIQ
                  *:** ******:***:*******************************:******:*:***
```

6) mPGES-2_MACFA (Q9N0A4|prostaglandin-E synthase|EC 5.3.99.3|Macaca fascicularis|Swiss-Prot)
mPGES-2_HUMAN (Q9H7Z7|prostaglandin-E synthase|EC 5.3.99.3|Homo sapiens|Swiss-Prot)
mPGES-2_MOUSE (Q8BWM0|prostaglandin-E synthase|EC 5.3.99.3|Mus musculus|Swiss-Prot)

```
                        370       380
                          |         |
mPGES-2_MACFA   PWYLRVERAITEASPAH--------
mPGES-2_HUMAN   PWYLRVERAITEASPAH--------
mPGES-2_MOUSE   PWYLRMERAIEEAPSVHHVNPSCKD
                *****:**** **...*
```

PGFS[7)]

```
                        10        20        30        40        50        60
                         |         |         |         |         |         |
PGFS_HUMAN     MDSKQQCVKLNDGHFMPVLGFGTYAPPEVPRSKALEVTKLAIEAGFRHIDSAHLYNNEEQ
PGFS_PONAB     MDSKHQCVKLNDGHFMPVLGFGTYAPPEVPRSKALEVTKLAIEAGFRHIDSAHLYNNEEQ
PGFS_BOVIN     MDPKSQRVKLNDGHFIPVLGFGTYAPEEVPKSEALEATKFAIEVGFRHVDSAHLYQNEEQ
               **.* * ********:********** ***:*:***.**:***.****:******:****

                        70        80        90       100       110       120
                         |         |         |         |         |         |
PGFS_HUMAN     VGLAIRSKIADGSVKREDIFYTSKLWSTFHRPELVRPALENSLKKAQLDYVDLYLIHSPM
PGFS_PONAB     VGLAIRSKIADGSVKREDIFYTSKLWSTFHRPELVRPALENSLKKAQLDYVDLYLIHSPM
PGFS_BOVIN     VGQAIRSKIADGTVKREDIFYTSKLWCNSLQPELVRPALEKSLQNLQLDYVDLYIIHSPV
               ** *********:*************..  :*********:**:: ********:****:

                       130       140       150       160       170       180
                         |         |         |         |         |         |
PGFS_HUMAN     SLKPGEELSPTDENGKVIFDIVDLCTTWEAMEKCKDAGLAKSIGVSNFNRRQLEMILNKP
PGFS_PONAB     SLKPGEELSPTDENGKVIFDIVDLCTTWEAMEECKDAGLAKSIGVSNFNRRQLEMILNKP
PGFS_BOVIN     SLKPGNKFVPKDESGKLIFDSVDLCHTWEALEKCKDAGLTKSIGVSNFNHKQLEKILNKP
               *****::: *.**.**:*** **** ****:*:******:*********::*** *****

                       190       200       210       220       230       240
                         |         |         |         |         |         |
PGFS_HUMAN     GLKYKPVCNQVECHPYFNRSKLLDFCKSKDIVLVAYSALGSQRDKRWVDPNSPVLLEDPV
PGFS_PONAB     GLKYKPVCNQVECHPYFNRSKLLDFCKSKDIVLVAYSALGSQRDKRWVDPNSPVLLEDPV
PGFS_BOVIN     GLKYKPVCNQVECHPYLNQSKLLEFCKSHDIVLVAYAALGAQLLSEWVNSNNPVLLEDPV
               ****************:*:****:****:*******:***:*  ..**:.*.********

                       250       260       270       280       290       300
                         |         |         |         |         |         |
PGFS_HUMAN     LCALAKKHKRTPALIALRYQLQRGVVVLAKSYNEQRIRQNVQVFEFQLTAEDMKAIDGLD
PGFS_PONAB     LCALAKKHKRTPALIALRYQLQRGVVVLAKSYNEQRIRENVQVFEFQLTAEDMRAIDGLN
PGFS_BOVIN     LCAIAKKHKQTPALVALRYQVQRGVVVLAKSFNKKRIKENMQVFDFELTPEDMKAIDGLN
               ***:*****:****:*****:**********:*::**::*:***:*:**.***:*****:

                       310       320
                         |         |
PGFS_HUMAN     RNLHYFNSDSFASHPNYPYSDEY
PGFS_PONAB     RNLHYFNSDSLASHPNYPYSDEY
PGFS_BOVIN     RNIRYYDFQKGIGHPEYPFSEEY
               **::*:: :.  .**:**:*:**
```

7) PGFS_HUMAN (P42330|prostaglandin-F synthase|EC 1.1.1.188|Homo sapiens|Swiss-Prot)
PGFS_PONAB (Q5R7C9|prostaglandin-F synthase|EC 1.1.1.188|Pongo abelii|Swiss-Prot)
PGFS_BOVIN (P05980|prostaglandin-F synthase|EC 1.1.1.188|Bos taurus|Swiss-Prot)

TRAS[8)]

```
                     10        20        30        40        50        60
                      |         |         |         |         |         |
TRAS_BOVIN   MEVLGLFRLEVSGPMVTVALSVVFLALLKWYSTSAFSRLEKLGIRHPKPSPFIGNLAFFR
TRAS_PIG     MEVLGFLSPELNGPMVTMALAVVLLALLKWYSTSAFSRLEKLGIRHPKPSPFIGNLTFFR
TRAS_HUMAN   MEALGFLKLEVNGPMVTVALSVALLALLKWYSTSAFSRLEKLGLRHPKPSPFIGNLTFFR
TRAS_MOUSE   MEVLGLLKFEVSGTIVTVTLLVALLALLKWYSMSAFSRLEKLGIRHPKPSPFVGNLMFFR
TRAS_RAT     MEVLGLLKFEVSGTVVTVTLSVVLLALLKWYSTSAFSRLRKLGIRHPEPSPFVGNLMFFR
             **.**::  *:.*.:**::* *.:******** ******.***:***:****:*** ***

                     70        80        90       100       110       120
                      |         |         |         |         |         |
TRAS_BOVIN   QGFWESHMELRKQYGPLSGYYLGRLMFIVISEPDMIEQVLVEKFSNFTNRMATGLEPKPV
TRAS_PIG     QGFWESHMELRKQYGPLSGYYLGRRMIVVISDPDMIKQVLAEKFSNFTNRMATGLESKPV
TRAS_HUMAN   QGFWESQMELRKLYGPLCGYYLGRRMFIVISEPDMIKQVLVENFSNFTNRMASGLEFKSV
TRAS_MOUSE   QGFWESQLELRERYGPLCGYYLGRRMHVVISEPDMIKQVLVENFSNFSNRMASGLEPKMV
TRAS_RAT     QGFWESHLELRERYGPLCGYYLGRRMYIVISDPDMIKEVLVENFSNFSNRMASGLEPKLI
             ******::***: ****.****** * :***:****::**.*:****:****:*** * :

                    130       140       150       160       170       180
                      |         |         |         |         |         |
TRAS_BOVIN   ADSVLFLRDKRWEEVRSVLTVAFSPEKLSEMTPLISRACDVLLAHLERHAQSGEAFDIQR
TRAS_PIG     ADSILFLRDKRWEEVRSVLTSAFSPKKLNKLTPLISQACDLLLAHLERYAESGDAFDIQR
TRAS_HUMAN   ADSVLFLRDKRWEEVRGALMSAFSPEKLNEMVPLISQACDLLLAHLKRYAESGDAFDIQR
TRAS_MOUSE   ADSVLLLRDRRWEEVRGALMSSFSPEKLDEMTPLISQACELLVAHLKRYAASRDAFNIQR
TRAS_RAT     ADSVLMLRDRRWEEVRGALMSAFSPEKLNEMTPLISQACELLLSHLKHSAASGDAFDIQR
             ***:*:***:******..*  :***:**.::.****:**::*::**:: * * :**:***

                    190       200       210       220       230       240
                      |         |         |         |         |         |
TRAS_BOVIN   TYCCYTTDVVASVAFGTEVNSQEAPEHPFVEHCRRFFASSIPKPLLVLLLSFPSIMVPLA
TRAS_PIG     CYCCYTTDVVASVAFGTQVNSSEEPEHPFVKHCRRFFAFSVPRLILVLILSFPSIMVPLA
TRAS_HUMAN   CYCNYTTDVVASVPFGTPVDSWQAPEDPFVKHCKRFFEFCIPRPILVLLLSFPSIMVPLA
TRAS_MOUSE   CYCCYTIDVVASVAFGTQVDSQNSPEDPFVQHCRRASTFCIPRPLLVLILSFPSIMVPLA
TRAS_RAT     CYCCFTTNVVASVAFGIEVNSQDAPEDPFVQHCQRVFAFSTPRPLLALILSFPSIMVPLA
              ** :* :*****.**  *:* : **.***:**:*    . *: :*.*:***********
```

8) TRAS_BOVIN (Q2KIG5|Thromboxane-A synthase|EC 5.3.99.5|Bos taurus|Swiss-Prot)
TRAS_PIG (P47787|Thromboxane-A synthase|EC 5.3.99.5|Sus scrofa|Swiss-Prot)
TRAS_HUMAN (P24557|Thromboxane-A synthase|EC 5.3.99.5|Homo sapiens|Swiss-Prot)
TRAS_MOUSE (P36423|Thromboxane-A synthase|EC 5.3.99.5|Mus musculus|Swiss-Prot)
TRAS_RAT (P49430|Thromboxane-A synthase|EC 5.3.99.5|Rattus norvegicus|Swiss-Prot)

```
                      250       260       270       280       290       300
                        |         |         |         |         |         |
TRAS_BOVIN     RILPNKNRDELNGFFNKLIRNVIALRDQQAAEERRRDFLQMVQDVRHSAATVGVEKFDIV
TRAS_PIG       RILPNKKRDEVNGFFNKLIRNVIALRDQQAAEERRQDFLQMVLDLRHSAPSVGVENFDIV
TRAS_HUMAN     RILPNKNRDELNGFFNKLIRNVIALRDQQAAEERRRDFLQMVLDARHSASPMGVQDFDIV
TRAS_MOUSE     RILPNKNRDELNGFFNTLIRNVIALRDQQAAEERRRDFLQMVLDAQHSMNSVGVEGFDMV
TRAS_RAT       RILPNKNRDELNGFFNTLIRNVIALRDKQTAEERRGDFLQMVLDAQRSMSSVGVEAFDMV
               ******:***:*****.**********:*:***** ****** * ::*  .:**: **:*

                      310       320       330       340       350       360
                        |         |         |         |         |         |
TRAS_BOVIN     RQVFSATK-CPANPPRRHSPRPLSKPLSVDEVVGQAFIFLIAGYEIVTNTLSFATYLLAT
TRAS_PIG       RQAFSSAKGCPADPSQPHLPRPLSKPLTVDEVVGQAFLFLIAGYEIITNTLSFVTYLLAT
TRAS_HUMAN     RDVFSSTG-CKPNPSRQHQPSPMARPLTVDEIVGQAFIFLIAGYEIITNTLSFATYLLAT
TRAS_MOUSE     PESLSSSE-CTKEPPQRCHPTSTSKPFTVDEIVGQAFLFLIAGHEVITNTLSFITYLLAT
TRAS_RAT       TEALSSAE-CMGDPPQRCHPTSTAKPLTVDEIAGQAFLFLIAGHEITTNTLSFITYLLAT
                : :*::  *  :*.:   * . ::*::***:.****:*****:*: ****** ******

                      370       380       390       400       410       420
                        |         |         |         |         |         |
TRAS_BOVIN     NPECQEKLLEEVDCFSKEHLAPEYCSLQEGLPYLDMVIKETLRMYPPAFRFTRVAAQDCE
TRAS_PIG       NPDCQEKLLREVDDFSKKHPSPEHCSLQQGLPYLDMVLSETLRMYPPAFRFTREAARDCE
TRAS_HUMAN     NPDCQEKLLREVDVFKEKHMAPEFCSLEEGLPYLDMVIAETLRMYPPAFRFTREAAQDCE
TRAS_MOUSE     HPDCQERLLKEVDLFMGKHPAPEYHSLQEGLPYLDMVISETLRMYPPAFRFTREAAQDCE
TRAS_RAT       HPECQERLLKEVDLFMEKHPAPEYCNLQEGLPYLDMVVAETLRMYPPAFRFTREAAQDCE
               :*:***:**.*** *  :* :**. .*::********: ************** **:***

                      430       440       450       460       470       480
                        |         |         |         |         |         |
TRAS_BOVIN     VLGQRIPAGAVLETAVGALHYDPEHWPNPENFNPERFTAEAQQRRRPYTYLPFGAGPRSC
TRAS_PIG       VLGQRIPAGTVLEVAVGALHHDPKHWPHPETFDPERFTAEAQRLQQPFTYLPFGAGPRSC
TRAS_HUMAN     VLGQRIPAGAVLEMAVGALHHDPEHWPSPETFNPERFTAEARQQHRPFTYLPFGAGPRSC
TRAS_MOUSE     VLGQRIPAGTVLEIAVGALHHDPEHWPNPETFDPERFTAEARLQRRPFTYLPFGAGPRSC
TRAS_RAT       VLGQHIPAGSVLEIAVGALHHDPEHWPNPETFDPERFTAEARLQQKPFTYLPFGAGPRSC
               ****:****:*** ******:**:*** **.*:********:  ::*:************

                      490       500       510       520       530
                        |         |         |         |         |
TRAS_BOVIN     LGVRLGLLELKLTLLHILRKFRFEACPETQVPLQLESKSALGPKNGVYIRIVSR
TRAS_PIG       LGVQLGLLEIKLTLLHILRKFRFEACPETQVPLQLESKSALSPKNGVYIRIVPR
TRAS_HUMAN     LGVRLGLLEVKLTLLHVLHKFRFQACPETQVPLQLESKSALGPKNGVYIKIVSR
TRAS_MOUSE     LGVRLGLLVVKLTILQVLHKFRFEASPETQVPLQLESKSALGPKNGVYIKIVSR
TRAS_RAT       LGVRLGLLVVKLTLLQVLHKFRFEACPETQVPLQLESKSALCPKNGVYVKIVSR
               ***:**** :***:*::*:****:*.*************** ******::**.*
```

PIOX[9]

```
                       10        20        30        40        50        60
                        |         |         |         |         |         |
PIOX_RICE      ------MGSGLFKPRVHPDLRDVFSKMSFFDKIGFLFIHAFDKRNLWHKVPVPIGLLYLN
PIOX_THALE     MKVITSLISSILLKFIHKDFHEIYARMSLLDRFLLLIVHGVDKMVPWHKLPVFLGLTYLE
PGHS1_SHEEP    MSRQSISLRFPLLLLLLSPSPVFSADPGAPAPVNPCCYYPCQHQGICVRFGLDRYQCDCT
                          :   :      . :  .    .     :  ::     :. :

                       70        80        90       100       110       120
                        |         |         |         |         |         |
PIOX_RICE      TRRTLLEKYNLLAVGRSS-HGALFDPKEFLYRTEDGKYNDPHNAEAGSQNTFFGRNMEPV
PIOX_THALE     VRRHLHQQYNLLNVGQTP-TGIRFDPANYPYRTADGKFNDPFNEGVGSQNSFFGRNCPPV
PGHS1_SHEEP    RTGYSGPNCTIPEIWTWLRTTLRPSPSFIHFMLTHGRWLWDFVNATFIRDTLMR--LVLT
                      : .:  :          .*    :   .*::   .   .  :::::      .

                      130       140       150       160       170       180
                        |         |         |         |         |         |
PIOX_RICE      DQQDELMSPDPFVVATKLLARREYKDTG---KQFNILAAAWIQFMVHDWMDHMEDTGQIG
PIOX_THALE     DQKSKLRRPDPMVVATKLLGRKKFIDTG---KQFNMIAASWIQFMIHDWIDHLEDTHQIE
PGHS1_SHEEP    VRSNLIPSPPTYNIAHDYISWESFSNVSYYTRILPSVPRDCPTPMGTKGKKQLPDAEFLS
                :.. :  * .  :* . :. ..: :..   : :  :.      *  .  .:: *:  :

                      190       200       210       220       230       240
                        |         |         |         |         |         |
PIOX_RICE      -------ITAPKEVANECPLKSFKFHPTKELPTNSDGIKIGHYNIRTAWWDGSAVYGNNE
PIOX_THALE     -------LVAPKEVASKCPLSSFRFLKTKEVPTGFFEIKTGSQNIRTPWWDSSVIYGSNS
PGHS1_SHEEP    RRFLLRRKFIPDPQGTNLMFAFFAQHFTHQFFKTSGKMGPGFTKALGHGVDLGHIYGDNL
                         *.  ..:  :  *    *::. .    :  *  :      * . :**.*

                      250       260       270       280       290       300
                        |         |         |         |         |         |
PIOX_RICE      ERAEKLRTYVDGKLVIGDD------------GLLLHKENGVALSG------DIRNSWAGV
PIOX_THALE     KTLDRVRTYKDGKLKISEET-----------GLLLHDEDGLAISG------DIRNSWAGV
PGHS1_SHEEP    ERQYQLRLFKDGKLKYQMLNGEVYPPSVEEAPVLMHYPRGIPPQSQMAVGQEVFGLLPGL
               :   ::* : ****                  :*:*   *:. ..      :: .  .*:

                      310       320       330       340       350       360
                        |         |         |         |         |         |
PIOX_RICE      SILQALFVKEHNAVCDAIKEEHPNLSDEELYRYAKLVTSAVIAKVHTIDWTVELLKTKTM
PIOX_THALE     SALQALFIKEHNAVCDALKDEDDDLEDEDLYRYARLVTSAVVAKIHTIDWTVQLLKTDTL
PGHS1_SHEEP    MLYATIWLREHNRVCDLLKAEHPTWGDEQLFQTARLILIGETIKIVIEEYVQQLSG---Y
                   :::::*** *** :* *.    **:*:: *:*:  .   *:   ::. :*
```

9) PIOX_RICE (gi|133761837|gb|AAF64042.2|AF229813_1 fatty acid alpha-oxidase [Oryza sativa])
PIOX_THALE (gi|15232116|ref|NP_186791.1| ALPHA-DOX1 (ALPHA-DIOXYGENASE 1) [Arabidopsis thaliana])
PGHS1_SHEEP (P05979|prostaglandin-endoperoxide synthase|EC 1.14.99.1|Ovis aries|Swiss-Prot

```
                      370       380       390       400       410       420
                       |         |         |         |         |         |
PIOX_RICE     RAAMRANWYGLLGKKIKDTFGHIGGPILGGLVGLKKPNNHGVPYSLTEEFTSVYRMHSLI
PIOX_THALE    LAGMRANWYGLLGKKFKDSFGHAGSSILGGVVGMKKPQNHGVPYSLTEDFTSVYRMHSLL
PGHS1_SHEEP   FLQLKFDPELLFGAQFQYRN-----------------------R-IAMEFNQLYHWHPLM
                 :: :   *:* :::                            :: :*..:*: *.*:

                      430       440       450       460       470       480
                       |         |         |         |         |         |
PIOX_RICE     PSTLKLRDPTGQPDANNSPPCLEDIDIGEMIGLKGEEQLSKIGFEKQALSMGYQACGALE
PIOX_THALE    PDQLHILDIDDVPGTNKSLPLIQEISMRDLIGRKGEETMSHIGFTKLMVSMGHQASGALE
PGHS1_SHEEP   PDSFRVG--------P------QDYSYEQFLFN--TSMLVDYGVEALVDAFSRQPAGRIG
              *. :::                :: .   :::    . : . *.     ::. *..* :

                      490       500       510       520       530       540
                       |         |         |         |         |         |
PIOX_RICE     LWNYPSFFRNLIPQNLDGTNRSDRIDLAALEVYRD-RERSVPRYNEFRRRLFLIPIKSWE
PIOX_THALE    LMNYPMWLRDIVPHDPNGQARPDHVDLAALEIYRD-RERSVPRYNEFRRSMFMIPITKWE
PGHS1_SHEEP   ----------------GGRNIDHHILHVAVDVIKESRVLRLQPFNEYRKRFGMKPYTSFQ
                              .*    .::  .*::: :: *   :  :**:*: : : * ..::

                      550       560       570       580       590       600
                       |         |         |         |         |         |
PIOX_RICE     DLTSDKDAIETIRAIYGDDVEKLDLLVGLMAEKKIKGFAISETAFNIFILMASRRLEADR
PIOX_THALE    DLTEDEEAIEVLDDVYDGDVEELDLLVGLMAEKKIKGFAISETAFYIFLIMATRRLEADR
PGHS1_SHEEP   ELTGEKEMAAELEELYG-DIDALEFYPGLLLEKCHPNSIFGESMIEMGAPFSLKGLLGNP
              :** :::    :  :*. *:: *::  **: **   .  :.*: : :   :: : * .:

                      610       620       630       640       650       660
                       |         |         |         |         |         |
PIOX_RICE     FFTSNFNEETYTKKGMQWVKTTEGLRDVINRHYPEITAKWMKSSSAFSVWDADY------
PIOX_THALE    FFTSDFNETIYTKKGLEWVNTTESLKDVIDRHYPDMTDKWMNSESAFSVWDSPPLTKNPI
PGHS1_SHEEP   ICSPEYWKASTFGGEVGFNLVKTATLKKLVCLNTKTCPYVSFHVPDPRQEDRPGVERPPT
              : :.:: :       : :  .. .  . :    ..         .     *

PIOX_RICE     --------
PIOX_THALE    PLYLRIPS
PGHS1_SHEEP   EL------
```

Coral COX[10)]

```
                        10        20        30        40        50        60
                         |         |         |         |         |         |
15S-COX_PLEHO   ------MKAFLYIVVLIIFSGLFWHEVES---VNPCCSFPCENGAVCVDDG-DTYTCDCT
15R-COX_PLEHO   ------MKAFLHIVVLIIFSGLFWHEVES---VNPCCSFPCENGAVCVDDG-DTYTCDCT
PGHS1_SHEEP     MSRQSISLRFPLLLLLLSPSPVFSADPGAPAPVNPCCYYPCQHQGICVRFGLDRYQCDCT
                         *  :::*:  * :*  :  :   ***** :**:: .:**  * * * ****

                        70        80        90       100       110       120
                         |         |         |         |         |         |
15S-COX_PLEHO   RTGYYGVNCEKPSWSTWLKSFIKPSEQTKHFMLTHFGWFWWIVNNVQFIRDPIMRAAYFS
15R-COX_PLEHO   RTGYYGVNCEKPSWSTWLKSFIKPSEQTKHFMLTHFGWFWWIVNNVQFIRDPIMRAAYFS
PGHS1_SHEEP     RTGYSGPNCTIPEIWTWLRTTLRPSPSFIHFMLTHGRWLWDFVN-ATFIRDTLMRLVLTV
                **** * **  *.  ***:: ::**  .  ******  *:* :** . ****.:** .

                       130       140       150       160       170       180
                         |         |         |         |         |         |
15S-COX_PLEHO   RTDFIPVPHVYTSYHEYATMEAHYNRTHFARTLPPVPKNCPTPFGVSGKKVLPPAEEVAN
15R-COX_PLEHO   RTDFIPVPHVYTSYHEYATMEAHYNRTHFARTLPPVPKNCPTPFGVSGKKILPPAEEVAN
PGHS1_SHEEP     RSNLIPSPPTYNIAHDYISWESFSNVSYYTRILPSVPRDCPTPMGTKGKKQLPDAEFLSR
                *:::** * .*.  *:* : *:. * ::::* **.**::****:*..*** ** ** ::.

                       190       200       210       220       230       240
                         |         |         |         |         |         |
15S-COX_PLEHO   KFLKRREFIADHRNTSWLFMFFAQHFTHQFFKTVHHS-PAFSWGN-HGVDVSHIYGQGVE
15R-COX_PLEHO   KFLKRREFIADHRNTSWLFMFFAQHFTHQFFKTVHHS-PAFSWGN-HGVDVSHIYGQGVE
PGHS1_SHEEP     RFLLRRKFIPDPQGTNLMFAFFAQHFTHQFFKTSGKMGPGFTKALGHGVDLGHIYGDNLE
                :** **:**.* :.*. :* *************  :  *.*: .  ****:.****:.:*

                       250       260       270       280       290       300
                         |         |         |         |         |         |
15S-COX_PLEHO   RENKLRAFKDGKLKSQMINGEEYPPYLKDVDDLKMQYLENTAEEQKFALGHPFFSMLPGL
15R-COX_PLEHO   RENKLRAFKDGKLKSQMINGEEYPPYLKDVDGLKMQYLENTAEEQKFALGHPFFSMLPGL
PGHS1_SHEEP     RQYQLRLFKDGKLKYQMLNGEVYPPSVEEAP-VLMHYPRGIPPQSQMAVGQEVFGLLPGL
                *: :** ******* **:*** *** :::.  : *:* .. . :.::*:*: .*.:****

                       310       320       330       340       350       360
                         |         |         |         |         |         |
15S-COX_PLEHO   FMYATIWLREHNRVCMILRKEHPHWEDERIYQTGKLIITGELIKIVIEDYVNHLANYNMK
15R-COX_PLEHO   FMFATLWLREHNRVCMILRKEHPHWEDERIYQTAKLIITGETIKIVIEDYINHLANYNMK
PGHS1_SHEEP     MLYATIWLREHNRVCDLLKAEHPTWGDEQLFQTARLILIGETIKIVIEEYVQQLSGYFLQ
                :::**:********* :*: *** * **:::**.:**: ** ******:*:::*:.* ::
```

10) 15S-COX_PLEHO (Q5IX63|prostaglandin-endoperoxide synthase|EC 1.14.99.1|Plexaura homomalla|TrEMBL).
15R-COX_PLEHO (Q962I8|prostaglandin-endoperoxide synthase|EC 1.14.99.1|Plexaura homomalla|TrEMBL)
PGHS1_SHEEP (P05979|prostaglandin-endoperoxide synthase|EC 1.14.99.1|Ovis aries|Swiss-Prot)

```
                      370       380       390       400       410       420
                        |         |         |         |         |         |
15S-COX_PLEHO  LRYDPQLVFSRNYDYDNRIHLEFNHLYHWHPFSPDQFNISGTTYAIKDFMYHPEIVVKHG
15R-COX_PLEHO  LRYDPQLVFSRNYDYDNRIHLEFNHLYHWHPFSPDQFNISGTTYTINDFMYHPEIVVKHG
PGHS1_SHEEP    LKFDPELLFGAQFQYRNRIAMEFNQLYHWHPLMPDSFRVGPQDYSYEQFLFNTSMLVDYG
               *::**:*:*. :::* *** :***:******: **.*.:.   *: ::*:::..::*.:*

                      430       440       450       460       470       480
                        |         |         |         |         |         |
15S-COX_PLEHO  MSSFVNAMSSGLCGKMS-HHNHGQYTLDVAVEVIKYQRELRMQSFNXYRRHFGLHAYKSF
15R-COX_PLEHO  MSSFVNAMSSGLCGKMS-HHNHGQYTLDVAVEVIKYQRKLRMQSFNNYRRHFGLPAYKSF
PGHS1_SHEEP    VEALVDAFSRQPAGRIGGGRNIDHHILHVAVDVIKESRVLRLQPFNEYRKRFGMKPYTSF
               :.::*:*:*   .*::.  :* .:: *.***:*** .* **:*.** **::**: .*.**

                      490       500       510       520       530       540
                        |         |         |         |         |         |
15S-COX_PLEHO  EEMTGNPKMAAELKEVYGDVNAVDFYVGFFLEKSLTTSPFGITMIASGAPYSLRGLLSNP
15R-COX_PLEHO  EEMTGDPKLAAELKEVYGDVNAVDFYVGFFLEKSLPTSPFGITMIASGAPYSLRGLLSNP
PGHS1_SHEEP    QELTGEKEMAAELEELYGDIDALEFYPGLLLEKCHPNSIFGESMIEMGAPFSLKGLLGNP
               :*:**: ::****:*:***::*::** *::***. ..* ** :**  ***:**:***.**

                      550       560       570       580       590       600
                        |         |         |         |         |         |
15S-COX_PLEHO  VSSPTYWKPSTFGGEVGFDIVKTASLEKLFCRNIAGDCPLVTFTVPDEIAREARKNLAAN
15R-COX_PLEHO  VSSPTYWKPSTFGGEVGFDIVKTASVDKLFCRNIAGDCPLVTFTVPDEIAREARRNLAAN
PGHS1_SHEEP    ICSPEYWKASTFGGEVGFNLVKTATLKKLVCLNTK-TCPYVSFHVPD--PRQEDRPGVER
               :.** ***.*********::****::.**.* *    ** *:* ***  .*:  :  . .


15S-COX_PLEHO  IKDEL
15R-COX_PLEHO  IKDEL
PGHS1_SHEEP    PPTEL
                  **
```

부록 3. 리간드 화학구조

PGHS 저해제

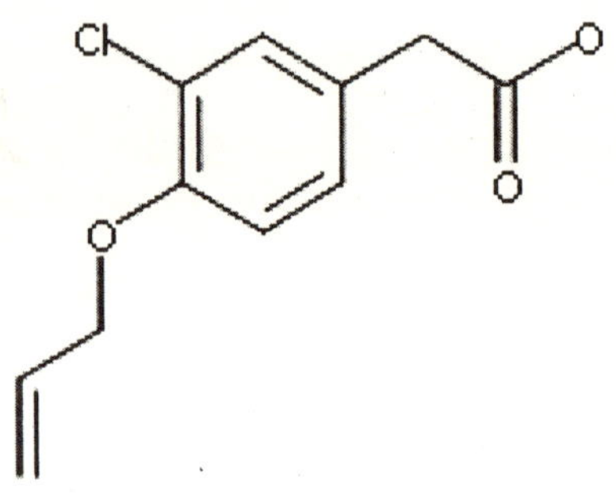

그림 1. Alclofenac (2-(3-chloro-4-prop-2-enoxyphenyl)acetic acid)

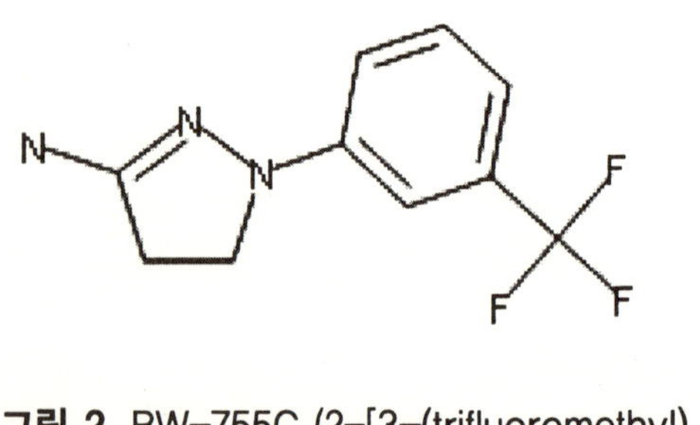

그림 2. BW-755C (2-[3-(trifluoromethyl) phenyl]-3,4-dihydropyrazol-5-amine)

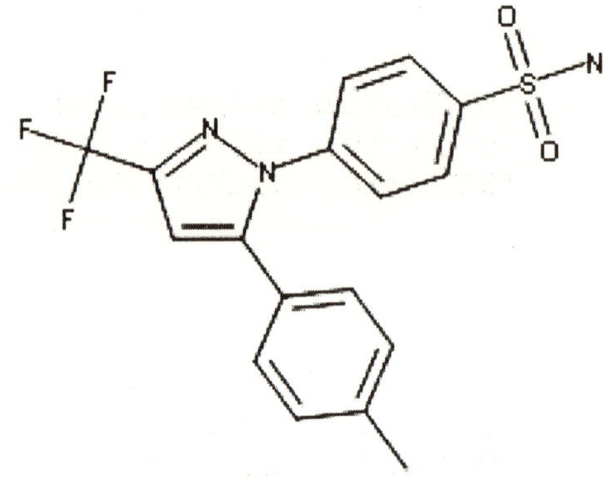

그림 3. Celecoxib (4-[5-(4-methylphenyl) -3-(trifluoromethyl)pyrazol-1-yl]benzenesulfonamide)

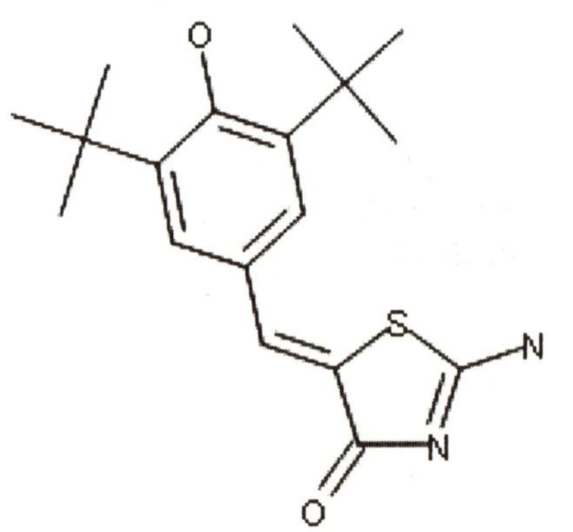

그림 4. Darbufelone ((5Z)-2-amino-5-[(3,5-ditert-butyl-4-hydroxyphenyl)methylidene]-1,3-thiazol-4-one)

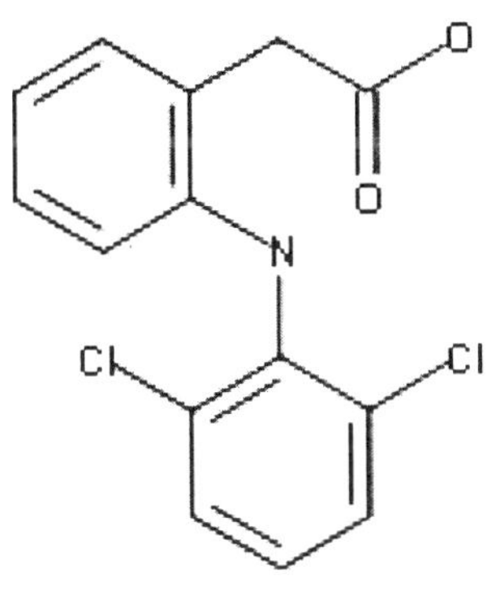

그림 5. Diclofenac (2-[2-(2,6-dichloroanilino)phenyl]acetic acid)

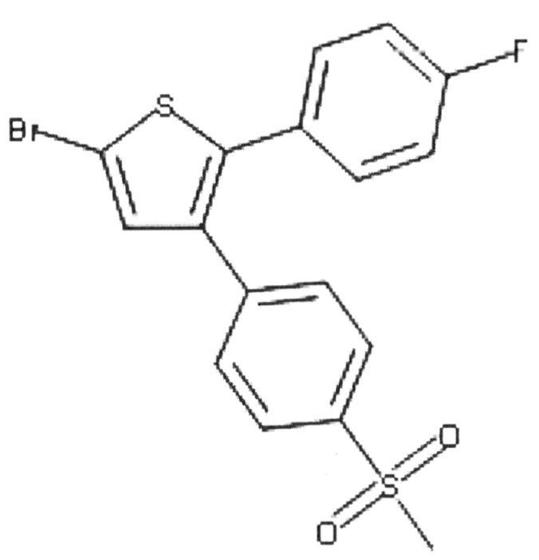

그림 6. Dup-697 (5-bromo-2-(4-fluorophenyl)-3-(4-methylsulfonylphenyl)thiophene)

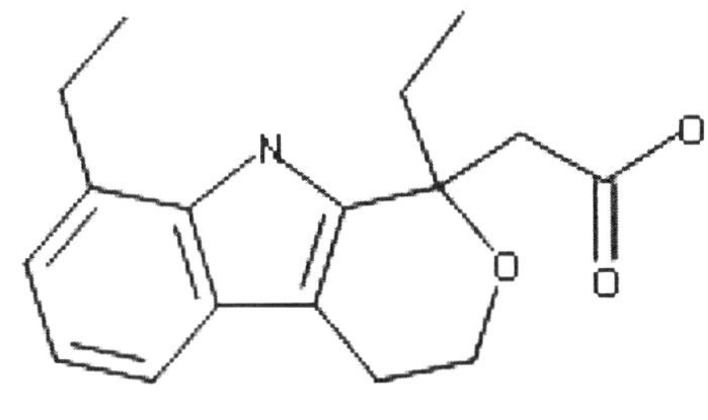

그림 7. Etodolac (2-(1,8-diethyl-4,9-dihydro-3H-pyrano[3,4-b]indol-1-yl)acetic acid)

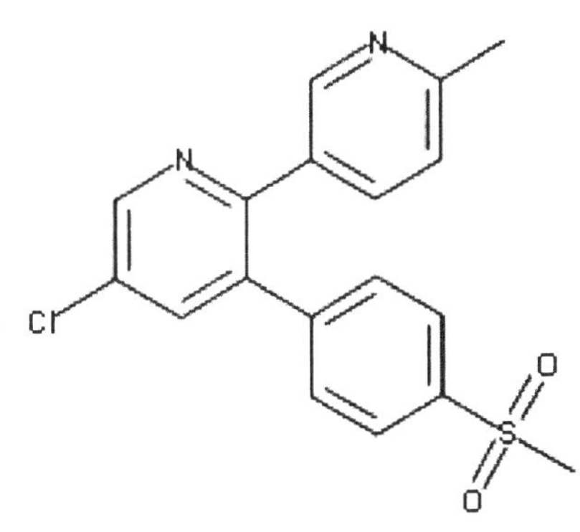

그림 8. Etoricoxib (5-chloro-2-(6-methylpyridin-3-yl)-3-(4-methylsulfonylphenyl)pyridine)

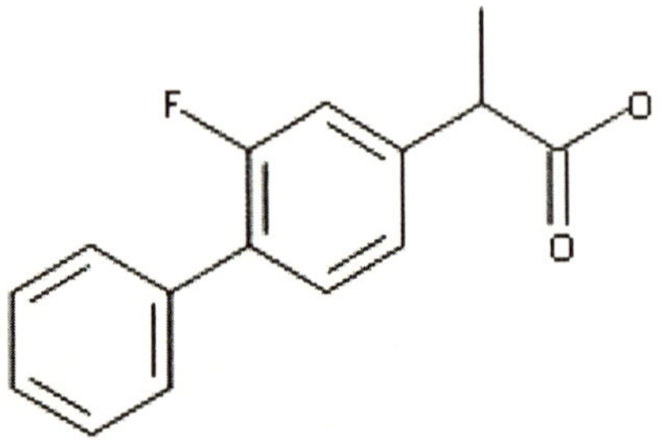

그림 9. Flurbiprofen (2-(3-fluoro-4-phenylphenyl)propanoic acid)

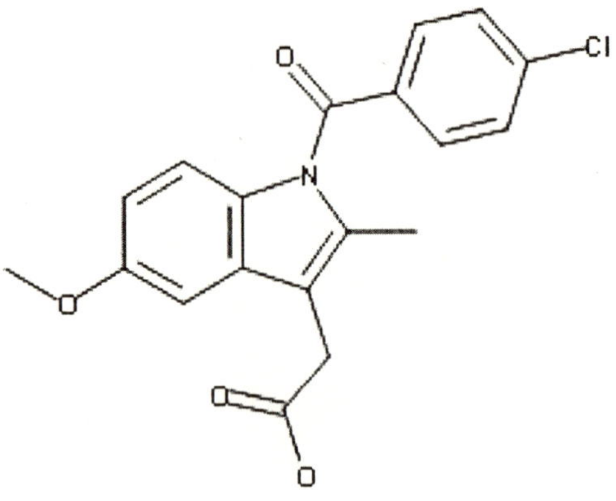

그림 11. Indomethacin (2-[1-(4-chlorobenzoyl)-5-methoxy-2-methylindol-3-yl]acetic acid)

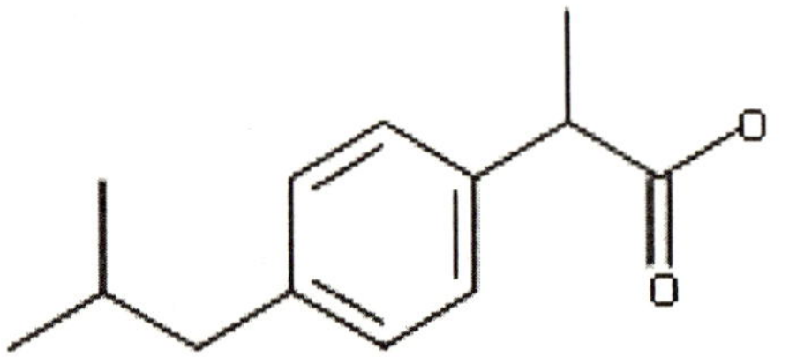

그림 10. Ibuprofen (2-[4-(2-methylpropyl)phenyl]propanoic acid)

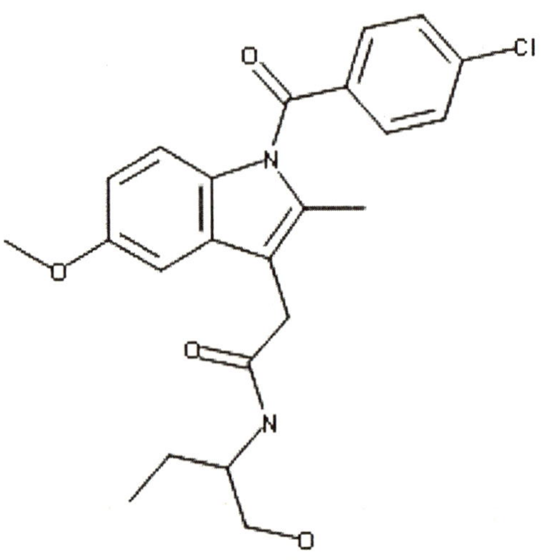

그림 12. Indomethacin ethanolamide (2-[1-(4-chlorobenzoyl)-5-methoxy-2-methylindol-3-yl]-N-[(2S)-1-hydroxybutan-2-yl]acetamide)

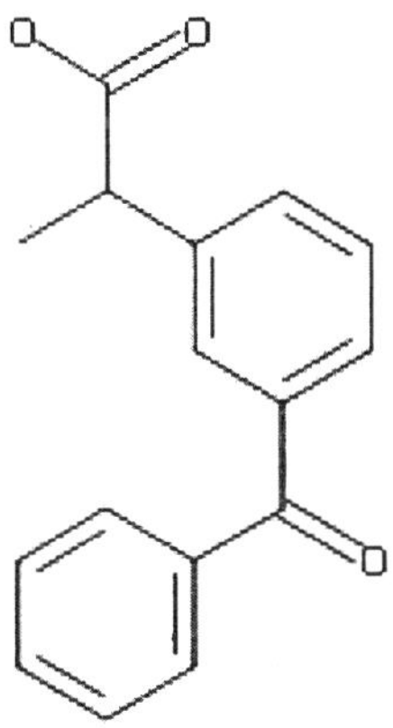

그림 13. Ketoprofen (2-[3-(benzoyl)phenyl]propanoic acid)

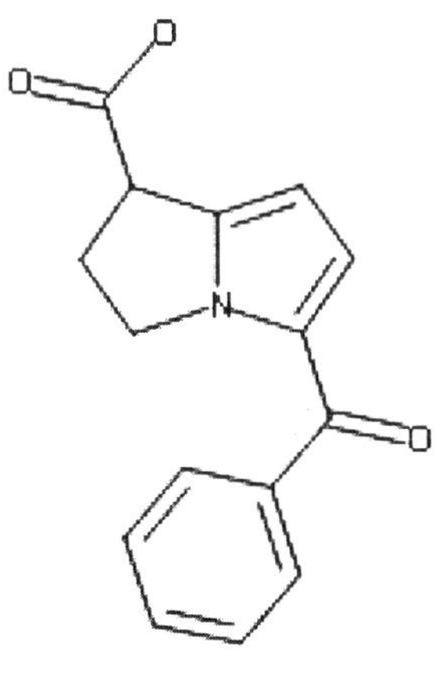

그림 14. Ketorolac (5-(benzoyl)-2,3-dihydro-1H-pyrrolizine-1-carboxylic acid)

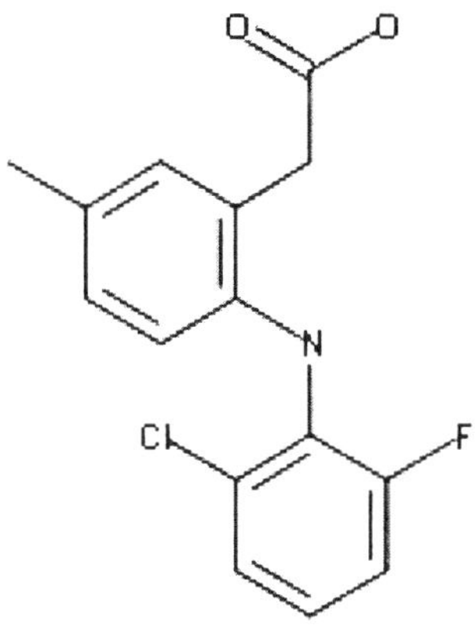

그림 15. Lumiracoxib (2-[2-(2-chloro-6-fluoroanilino)-5-methylphenyl]acetic acid)

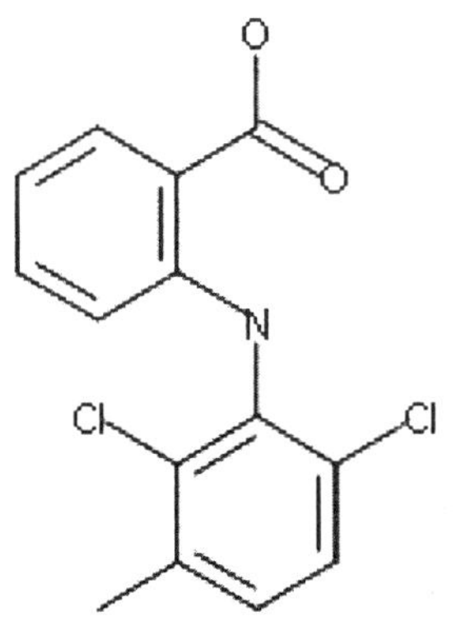

그림 16. Meclofenamic acid (2-(2,6-dichloro-3-methylanilino)benzoic acid)

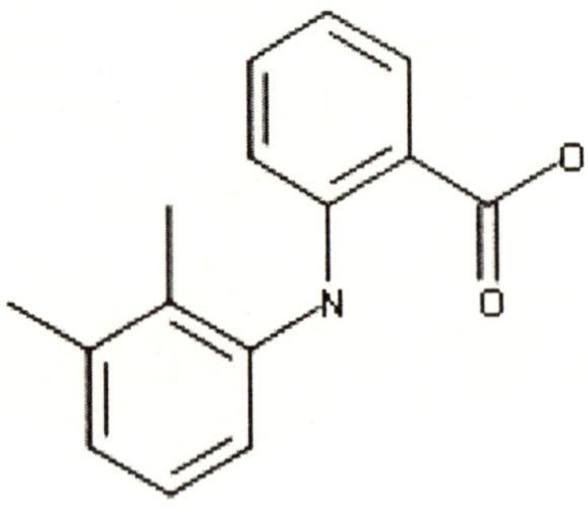

그림 17. Mefenamic acid (2-(2,3-dimethylanilino)benzoic acid)

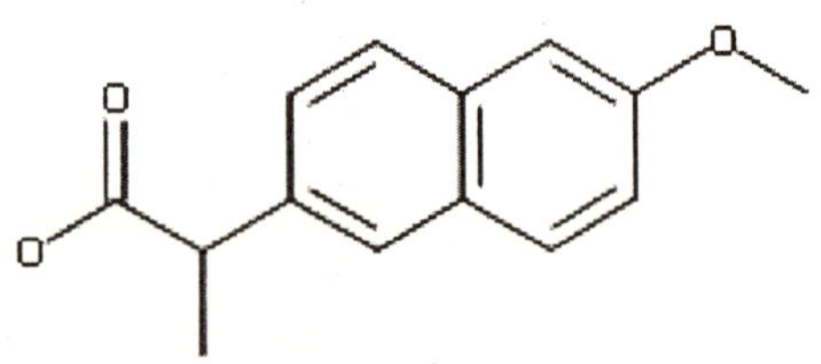

그림 18. Naproxen ((2S)-2-(6-methoxynaphthalen-2-yl)propanoic acid)

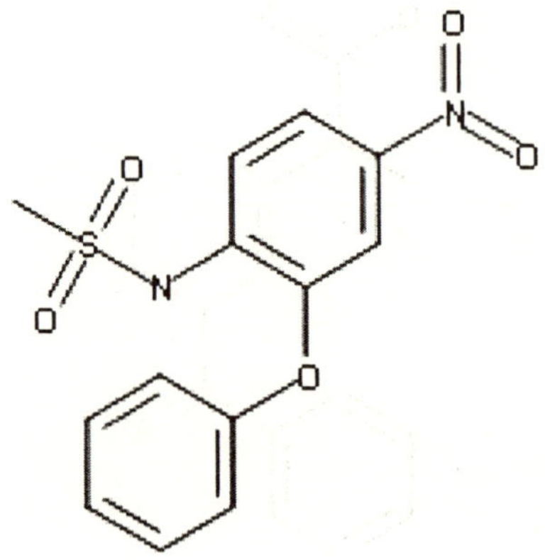

그림 19. Nimesulide (N-[4-nitro-2-(phenoxy)phenyl]methanesulfonamide)

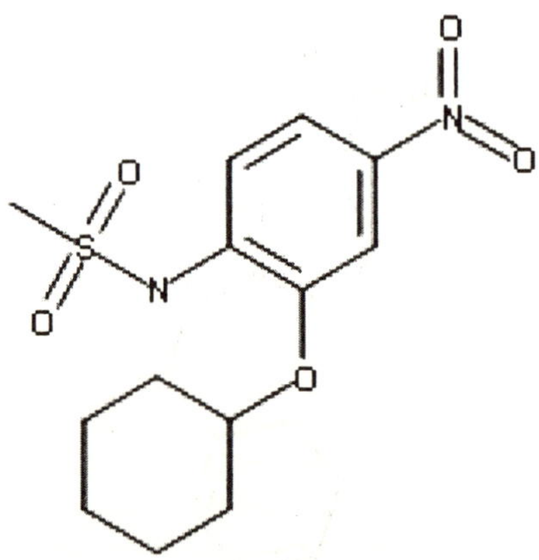

그림 20. NS-398 (N-(2-cyclohexyloxy-4-nitrophenyl)methanesulfonamide)

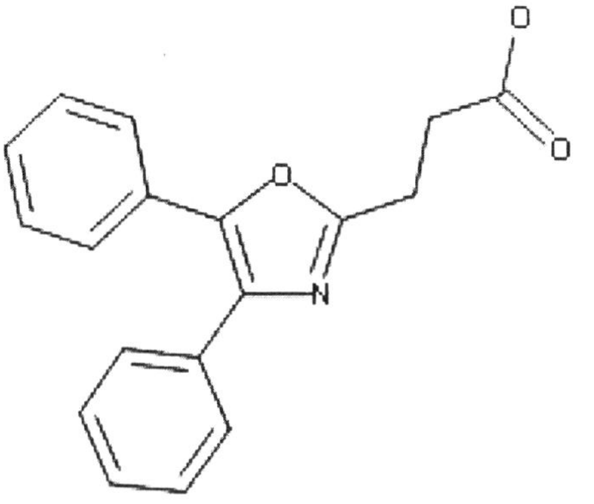

그림 21. Oxaprozin (3-[4,5-di(phenyl)-1,3-oxazol-2-yl]propanoic acid)

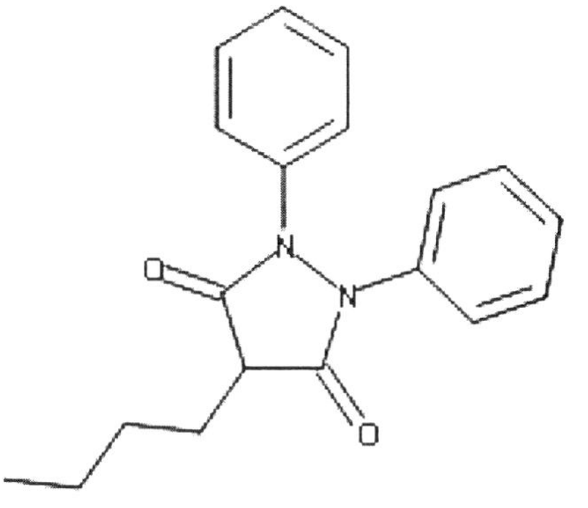

그림 23. Phenylbutazone (4-butyl-1,2-di(phenyl)pyrazolidine-3,5-dione)

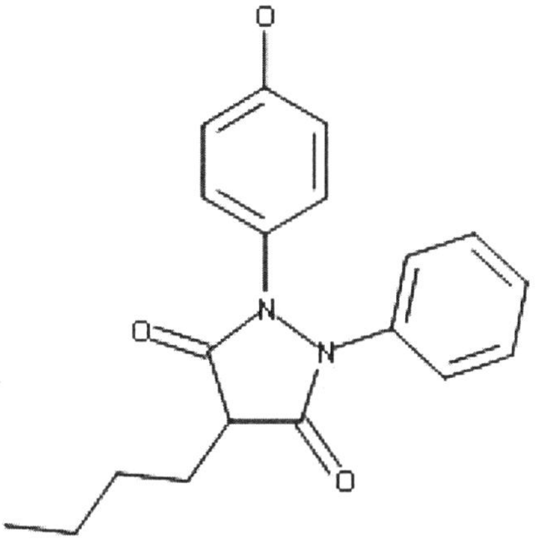

그림 22. Oxyphenylbutazone (4-butyl-1-(4-hydroxyphenyl)-2-phenylpyrazolidine-3,5-dione)

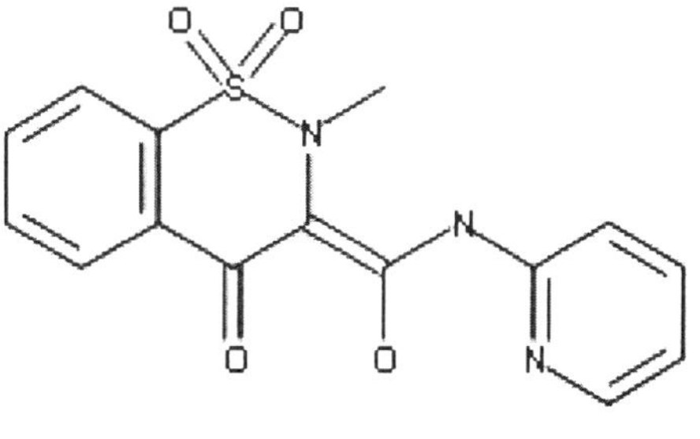

그림 24. Piroxicam ((3E)-3-[hydroxy-(pyridin-2-ylamino)methylidene]-2-methyl-1,1-dioxobenzo[e]thiazin-4-one)

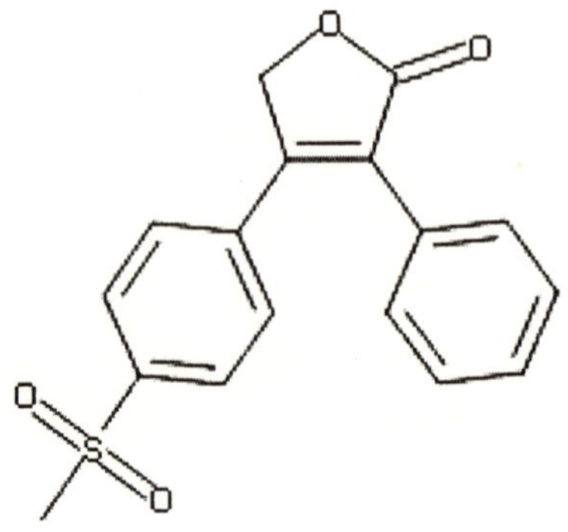

그림 25. Rofecoxib (3-(4-methylsulfonylphenyl)-4-phenyl-2H-furan-5-one)

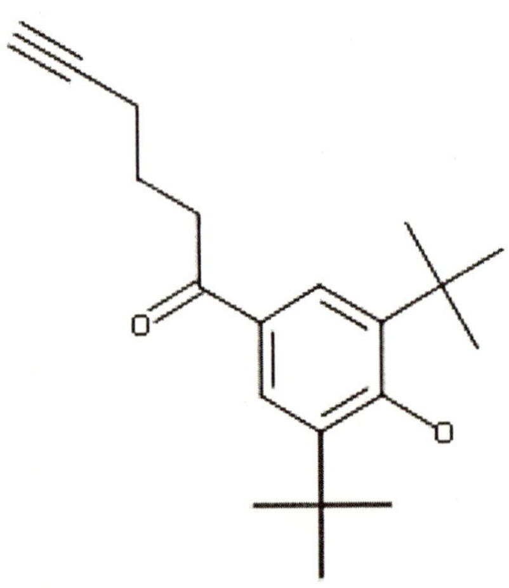

그림 26. Tebufelone (1-(3,5-ditert-butyl-4-hydroxyphenyl)hex-5-yn-1-one)

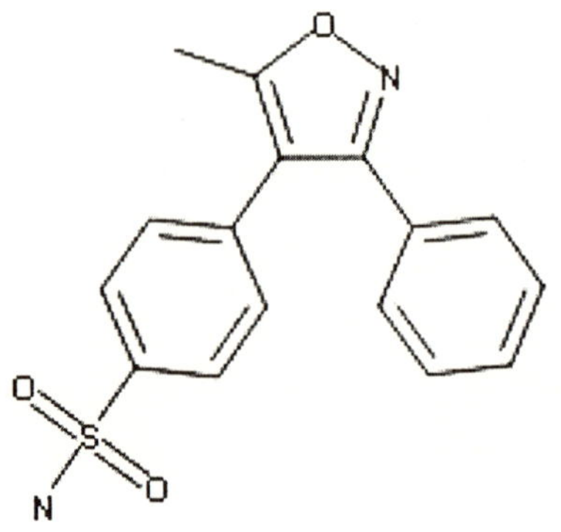

그림 27. Valdecoxib (4-(5-methyl-3-phenyl-1,2-oxazol-4-yl)benzenesulfonamide)

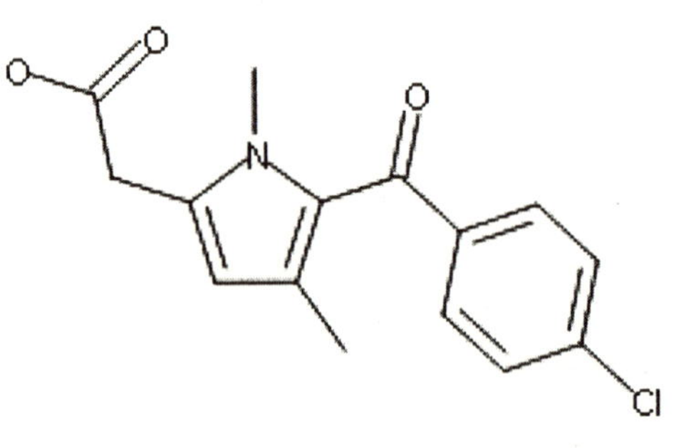

그림 28. Zomepirac (2-[5-(4-chlorobenzoyl)-1,4-dimethylpyrrol-2-yl]acetic acid)

PGHS 연계 효소 저해제

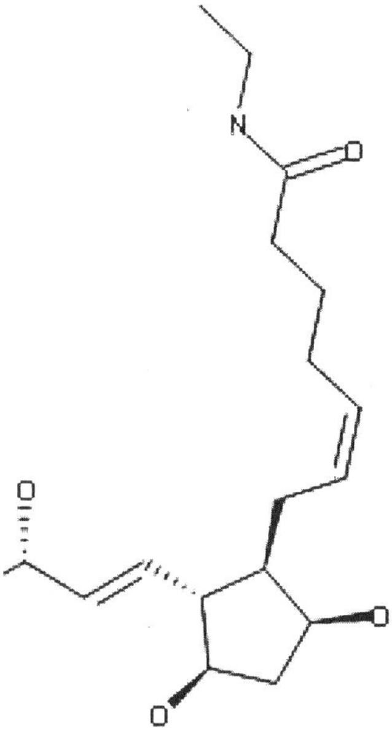

그림 29. Bimatoprost ((Z)-7-[(1R,2R,3R,5S)-3,5-dihydroxy-2-[(E,3S)-3-hydroxy-5-phenylpent-1-enyl]cyclopentyl]-N-ethylhept-5-enamide)

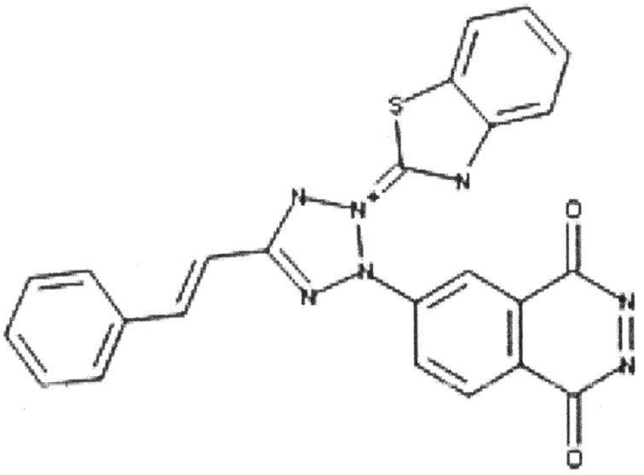

그림 30. BSPT (6-[(2E)-2-(3H-1,3-benzothiazol-2-ylidene)-5-[(E)-2-phenylethenyl]-1H-tetrazol-2-ium-3-yl]phthalazine-1,4-dione chloride)

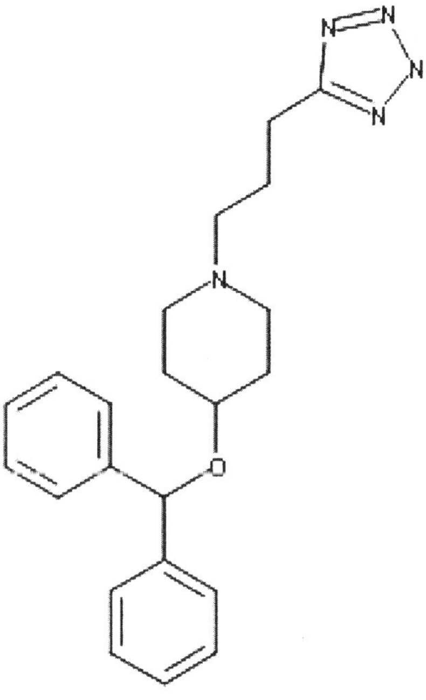

그림 31. HQL-79 (4-[di(phenyl)methoxy]-1-[3-(2H-tetrazol-5-yl)propyl]piperidine)

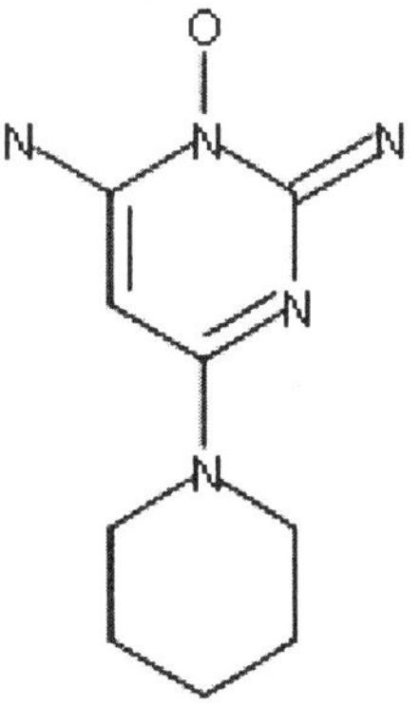

그림 32. Minoxidil (3-hydroxy-2-imino-6-piperidin-1-ylpyrimidin-4-amine)

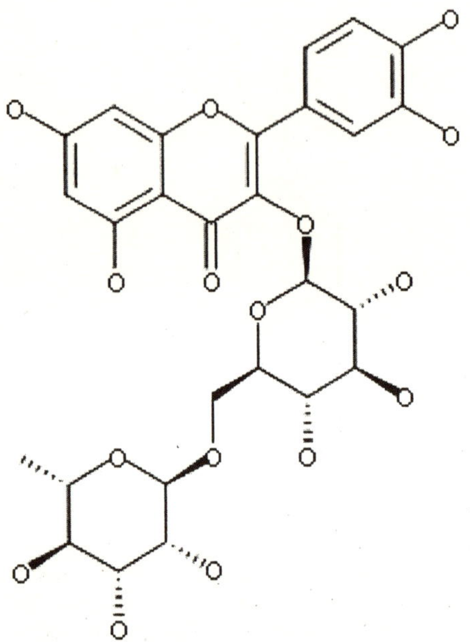

그림 33. Rutin (2-(3,4-dihydroxyphenyl)-5,7-dihydroxy-3-[(2S,3R,4S,5S,6R)-3,4,5-trihydroxy-6-[[(2R,3R,4R,5R,6S)-3,4,5-trihydroxy-6-methyloxan-2-yl]oxymethyl]oxan-2-yl]oxychromen-4-one)

PUFA

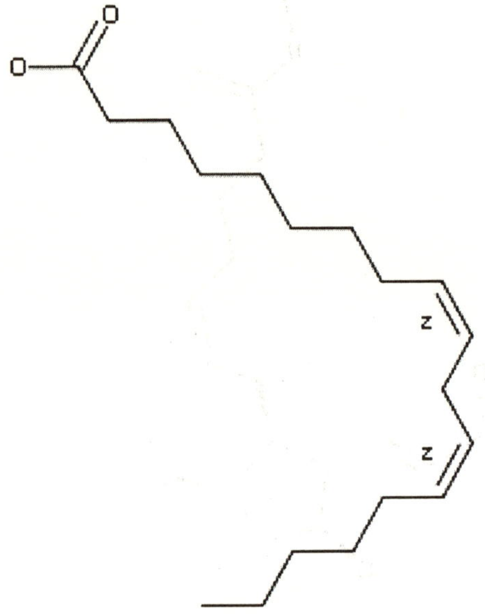

그림 34. Linoleic acid ((9Z,12Z)-octadeca-9,12-dienoic acid)

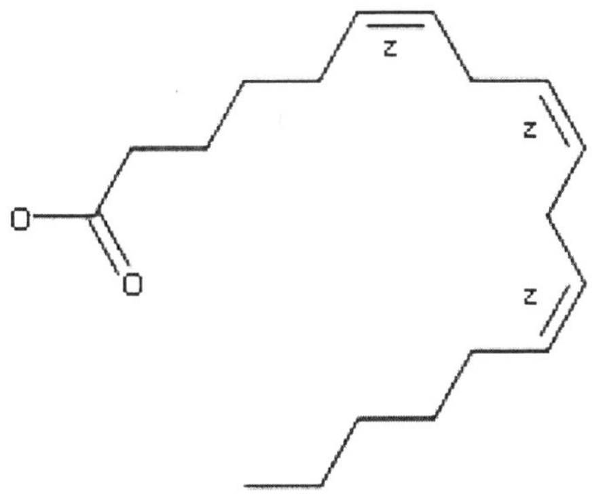

그림 35. γ-Linolenic acid ((6Z,9Z,12Z)-octadeca-6,9,12-trienoic acid)

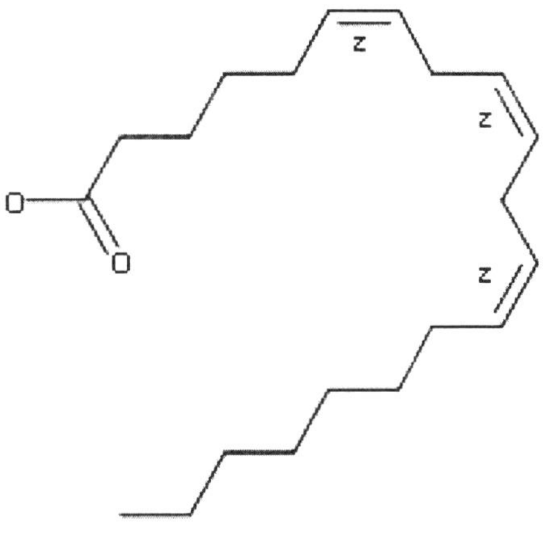

그림 37. Dihomo-γ-linolenic acid ((6Z,9Z,12Z)-icosa-6,9,12-trienoic acid)

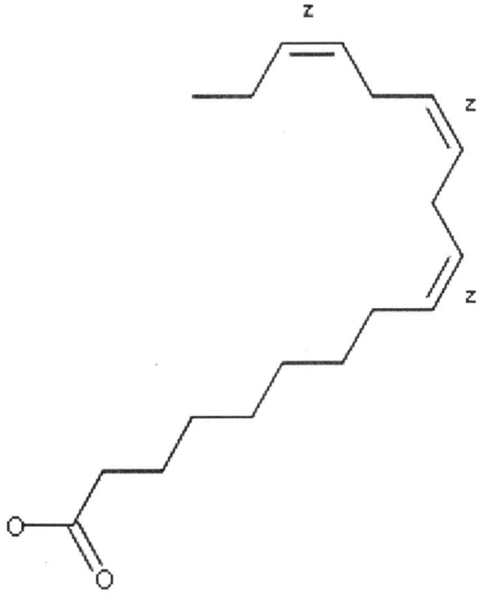

그림 36. α-Linolenic acid ((9Z,12Z,15Z)-octadeca-9,12,15-trienoic acid)

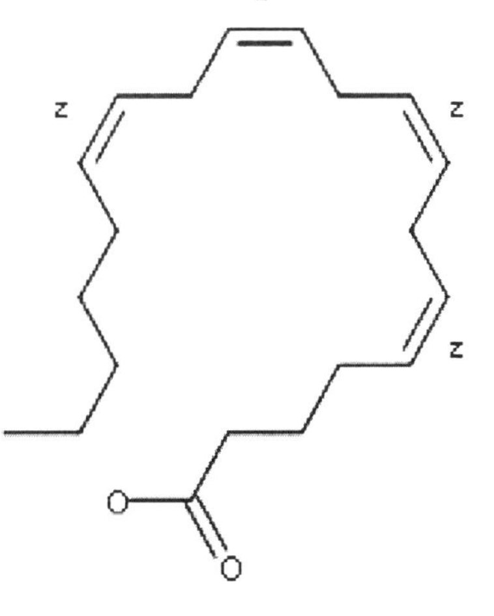

그림 38. Arachidonic acid ((5Z,8Z,11Z,14Z)-icosa-5,8,11,14-tetraenoic acid)

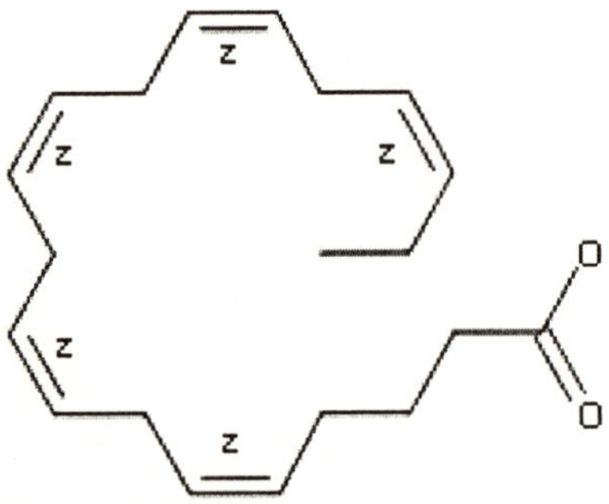

그림 39. Eicosapentaenoic acid ((5Z,8Z,11Z,14Z,17Z)-icosa-5,8,11,14,17-pentaenoic acid)

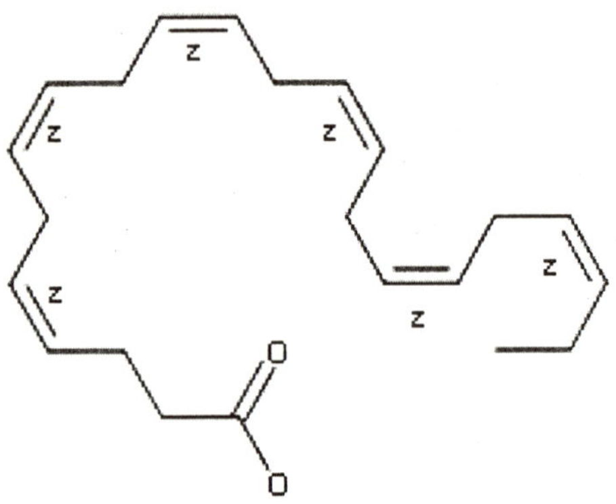

그림 40. Docosahexaenoic acid ((4Z,7Z,10Z,13Z,16Z,19Z)-docosa-4,7,10,13,16,19-hexaenoic acid)

Prostaglandin과 thromboxane

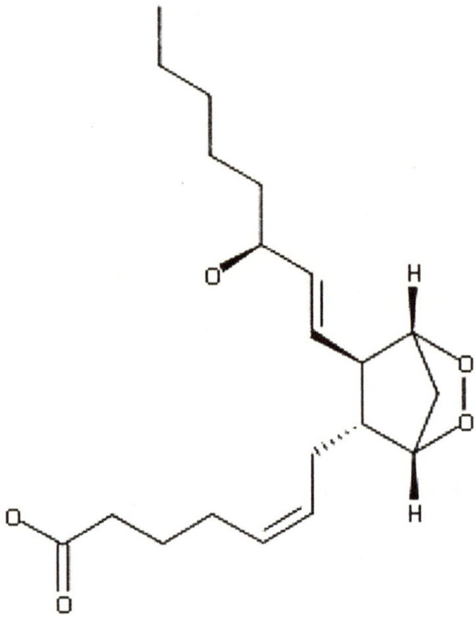

그림 41. PGG_2 ((Z)-7-[(1S,2R,3R,4R)-3-[(E,3S)-3-hydroperoxyoct-1-enyl]-5,6-dioxabicyclo[2.2.1]heptan-2-yl]hept-5-enoic acid)

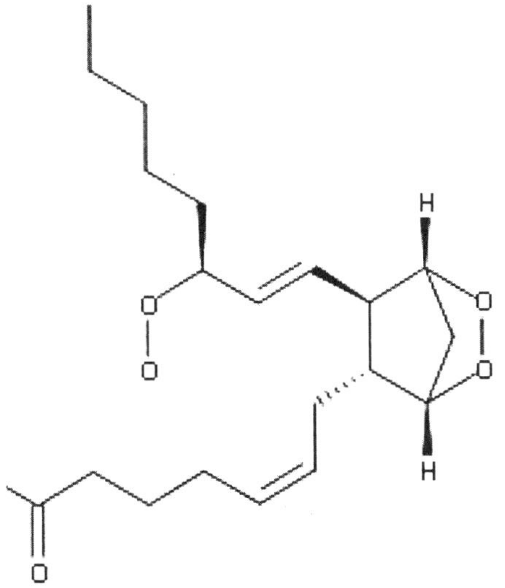

그림 42. PGH_2 ((Z)-7-[(1S,2R,3R,4R)-3-[(E,3S)-3-hydroxyoct-1-enyl]-5,6-dioxabicyclo[2.2.1]heptan-2-yl]hept-5-enoic acid)

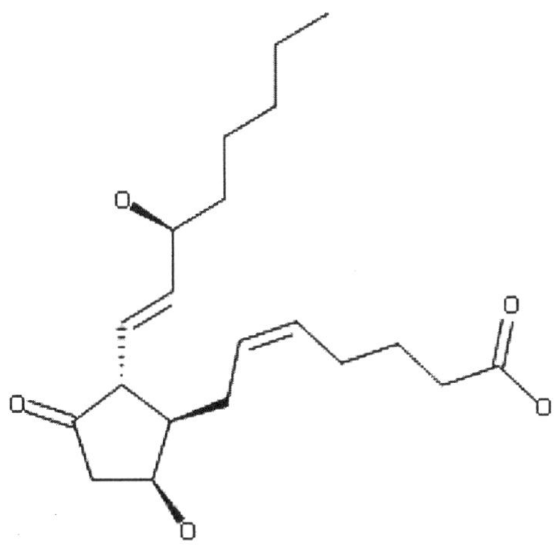

그림 43. PGD_2 ((Z)-7-[(1R,2R,5S)-5-hydroxy-2-[(E,3S)-3-hydroxyoct-1-enyl]-3-oxocyclopentyl]hept-5-enoic acid)

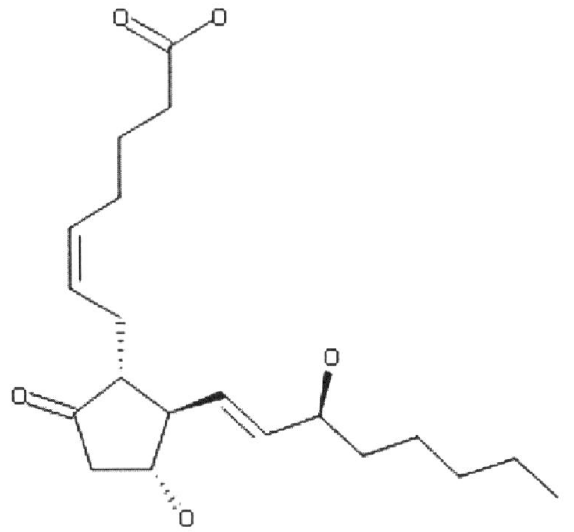

그림 44. PGE_2 ((Z)-7-[(1R,2R,3R)-3-hydroxy-2-[(E,3S)-3-hydroxyoct-1-enyl]-5-oxocyclopentyl]hept-5-enoic acid)

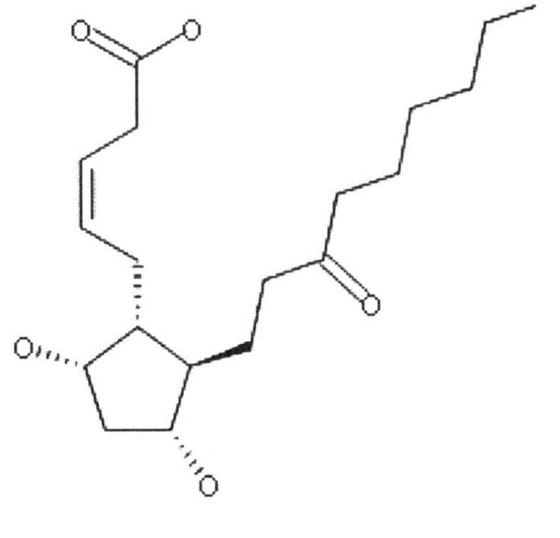

그림 45. $PGF_{2\alpha}$ ((Z)-5-[(1R,2R,3R,5S)-3,5-dihydroxy-2-(8-hydroxy-3-oxooctyl)cyclopentyl]pent-3-enoic acid)

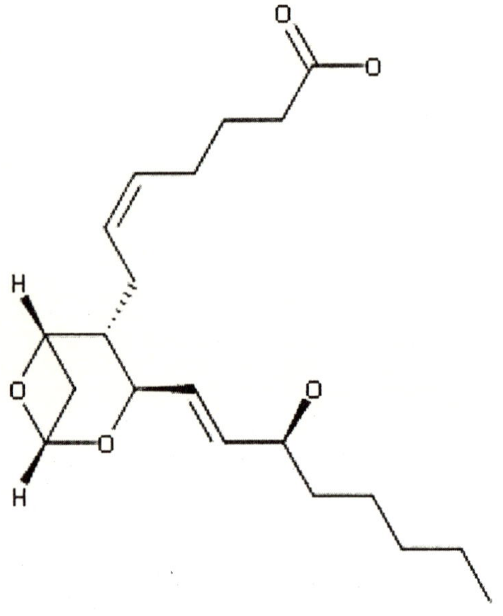

그림 46. TXA_2 ((Z)-7-[(1S,2S,3R,5S)-3-[(E,3S)-3-hydroxyoct-1-enyl]-4,7-dioxabicyclo[3.1.1]heptan-2-yl]hept-5-enoic acid)

색인